计 算 机 辅 助 设 计 与 制 造 书 系

钢结构设计软件
模型、算法及应用研究

刘宝芹 ▣ 著

知识产权出版社
Intellectual Property Publishing House

内容提要

本书围绕基于工厂钢结构设计软件的模型、算法及其应用，主要做了以下研究：①介绍一种钢结构设计软件模型。②提出基于模拟退火算法（Simulated Annealing，SA）的一种新的区域划分方法"轮廓区域划分法"。③在原有规则基础上提出新的标注规则。④提出并实现了一种可以高效利用空间的节点详图的尺寸标注布局方案。⑤提出尺寸自动标注的分层排布算法。⑥提出一种新的自动标注算法。

责任编辑：甄晓玲

图书在版编目（CIP）数据

钢结构设计软件模型、算法及应用研究/刘宝芹著. —北京：知识产权出版社，2013.2

ISBN 978-7-5130-1874-6

Ⅰ.①钢… Ⅱ.①刘… Ⅲ.①钢结构—结构设计—计算机辅助设计—应用软件—研究 Ⅳ.①TU391.04

中国版本图书馆 CIP 数据核字（2013）第 021581 号

钢结构设计软件模型、算法及应用研究

GANGJIEGOU SHEJI RUANJIAN MOXING、SUANFA JI YINGYONG YANJIU

刘宝芹　著

出版发行：知识产权出版社

社　　址：北京市海淀区马甸南村 1 号		邮　　编：100088
网　　址：http://www.ipph.cn		邮　　箱：bjb@cnipr.com
发行电话：010 – 82000860 转 8101/8102		传　　真：010 – 82005070/82000893
责编电话：010 – 82000860 转 8393		责编邮箱：flywinda@163.com
印　　刷：北京中献拓方科技发展有限公司		经　　销：新华书店及相关销售网点
开　　本：787mm×1092mm　1/16		印　　张：9.25
版　　次：2013 年 2 月第 1 版		印　　次：2013 年 2 月第 1 次印刷
字　　数：96 千字		定　　价：36.00 元

ISBN 978-7-5130-1874-6/TU · 304（4718）

前　言

　　计算机辅助设计与制造（CAD/CAM）技术在工业生产中发挥着非常重要的作用。CAD 技术应用于软件方面，按照其设计对象大致可分为两个大类：一类是产品设计，另一类是工程设计。工程设计中一个重要组成部分是工厂设计（Plant Design，PD），而钢结构设计（Steel Structure Design）是工厂设计的重要组成部分。

　　钢结构广泛应用于工业厂房、机场车库、体育场馆、仓库、购物中心等工业与民用建筑。由于科技的发展及钢材品质的进步，钢结构的重要性被先进国家和地区所肯定，在欧洲、美洲、日本、中国台湾等地，厂房的兴建全部采用钢结构。因此，钢结构设计也就成为工程设计领域一个非常普遍而重要的组成部分。钢结构设计软件用以辅助进行复杂的钢结构设计。

　　本书的主要目标是对基于工厂钢结构设计软件的模型、算法及其应用进行研究，本书主要在以下几个方面进行了研究和探索。

　　（1）钢结构设计软件模型研究。本书在前人研究的基础上，介绍一种钢结构设计软件模型,本模型主要包括以下几个功能模块:结构布置、内力分析、节点设计、施工图纸绘制。

(2)钢结构节点图自动生成模块中尺寸自动标注区域划分方法研究。提出基于模拟退火算法(Simulated Annealing,SA)的一种新的区域划分方法"轮廓区域划分法":一种可应用于钢结构设计软件以及其他同类软件中进行图纸自动标注时的区域划分方法。在节点详图的尺寸自动标注中,标注区及绘图区的划分是基础,接着才能实现尺寸自动标注。"曲木求曲,直木求直",以合理的区域划分为基础,在后续步骤中实现合理标注才有可能。本书提出的"轮廓区域划分方法",以图形自身轮廓多边形作为绘图区,以这种划分方式为基础,后续工作中标注布局和干涉问题能够得到合理的解决,使尺寸自动标注能够符合工程上的需求。

(3)自动标注规则研究。本书在原有规则基础上提出新的标注规则:对于材料型号和编号的标注,由于标注空间的限制,在图上只标出材料编号,型号根据编号可从材料表中查到;截断杆的轴向尺寸不必标注,即不必标注截断处的轴向尺寸;各种标注依据尽量靠近被标注对象的原则;相邻编号标注或焊缝标注错开一段距离,以避免发生干涉;杆件的分尺寸标注以图形轴线为基准,一端为杆件端点,另一端在主轴线上;板如果关于轴线对称,则其分尺寸标注方法同杆件,否则以其自身的一端为基准进行分尺寸标注。

(4)标注布局模型研究。本书提出并实现了一种可以高效利用空间的节点详图的尺寸标注布局模型：布局是指图形及各种标注元素在空间的摆放，布局问题是自动标注的关键技术和难点之一，作为公认的 NP – 完全（NP – complete）难度问题已经被研究多年。本书在合理的区域划分基础上，提出了一种高效的布局模型，不仅良好地解决了碰撞问题，而且有效地利用了图纸空间，使图面布局均匀而美观，符合工程需求。

（5）分层排布算法研究。本书提出尺寸自动标注的分层排布算法，有效地解决了干涉问题：干涉问题也是自动标注的关键技术和难点之一，就是各种图形元素之间的碰撞问题，包括标注内容与图形，标注内容之间的相互干涉，它需要巧妙的程序设计方法和很大的工作量。本书提出一种尺寸自动标注的分层排布算法，巧妙地解决了标注体的排布问题，形成了符合工程需求的标注体排布方式。

（6）自动标注算法研究。本书提出一种新的自动标注算法，使构件编号标注和焊缝标注既能独立又可统一：在节点详图自动标注中，由于构件编号标注和焊缝标注形式上的相似性，因此它们所属的标注区相同，而由于它们本质的不同，又需要各自独立处理。在同一标注区处理这两种不同种类的标注，如果只标注其中一种，那么标注体的排列比较容易，但是如果两者同时处理，使之交错排列，就像处理同一类标注一样，是需要一定的算法和技巧的，本书提出一种新的算法，实现了编号标注和焊缝标注的既能独立又可统一的自动标注。

目　　录

第一章 绪 论

1.1 研究背景及意义

1.1.1 研究背景

1. 工厂钢结构设计概念

随着计算机应用的不断普及，计算机辅助设计与制造（CAD/CAM）技术在工业生产中发挥着越来越重要的作用。它把计算机的快速性、准确性和工程技术人员的思维、综合分析能力结合起来，加快了设计、制造进程，提高了设计质量，加快了产品的更新换代，提高了产品的竞争能力。这一技术的使用使产品和工程设计、制造的工作内容和方式发生了根本性变革，成为工业发达国家的制造业保持竞争优势、开拓市场的重要手段。目前，CAD技术日趋成熟、应用日益广泛，有力地促进了全球高新技术的发展和新产品的迅速更新换代。CAD技术的发展和应用水平已成为衡量一个国家科技现代化和工业现代化水平等的重要标志之一。

CAD 技术应用于软件方面，按照其设计对象大致可分为两个大类：一类是产品设计，又分为机械产品、电气、电子产品、轻工、纺织产品等。另一类是工程设计，简称 AEC（Architecture Engineering Construction），是工程技术人员根据约束条件，用工程手段改变环境以满足特定的要求而进行的一种智能活动。工程设计是设计人员具有创造性的思维活动，一项新产品的设计需要经过功能要求与分解、总体与概念设计、详细设计等从粗到细的过程。工程设计领域包括国民经济主要部门，如石油、化工、采矿、有色金属、钢铁、电力、交通、轻纺等，它们对国民经济发展起着举足轻重的作用。因此，CAD 技术的应用水平已成为衡量一个设计单位技术水平的重要标志。工程 CAD 是指利用计算机辅助工程设计的技术，主要包括工厂设计 CAD、工业与民用建筑 CAD、道路与桥梁 CAD、地理信息系统（GIS）等，是目前 CAD 领域研究最广、发展最快的一大分支。

工厂设计是工程设计的一个重要组成部分，它是指在设计和建造面向流程的装置过程中涉及的各种任务和行为❶。我国工厂设计行业在 20 世纪 70 年代开始应用计算机，并自行开发出结构分析系统和化工流程模拟系统等大型工程应用软件，在国产计算机上通过自行开发的程序绘制出设备容器、管道图、统计材料表，在一些实际工程中得到应用。"七五"期间，国家投入一批外汇，引进了 80 年代国际先进的工厂设计 CAD 系统。通过短期培训和消化工作，很快就掌握了这些系统的功能，并结合国情开

---

❶ 田景成. 工程 CAD 中模板技术的研究与应用. 北京：中国科学院研究生院, 2000.

发出大批应用软件，应用于工程设计中，取得了显著的实效。

工厂设计软件（Plant Design Software）是工程设计人员利用计算机进行工厂模型设计的辅助工具[1]。随着经济建设规模的日益扩大，在设计施工单位进行工程招标、投标，都需要有快速有效的反应速度。工厂设计系统正是帮助工程技术人员提高设计效率的强有力工具，工厂设计系统为工厂的设计、建设及维修提供了较好的模拟，并为工厂的概念设计、初步设计、详细设计、施工图设计提供了综合解决方法。

比较完整的工厂设计系统主要包括管道设计（Piping Design）、钢结构设计（Steel Structure Design）、工艺管道及仪表流程图 P & ID（Process and Instrument Diagram）、采暖通风和空调 HVAC（Heat Ventilation and Conditioning）、电缆托架布置（Cable Tray）等❶。

其中，钢结构是钢材制成的工程结构，通常由型钢和钢板等制成的梁、桁架、柱、支撑、支架、楼板等构件组成，各部分之间用焊缝、螺栓或铆钉连接。在石油化工行业中，钢结构的常用类型为基本构件、钢构架、塔架、管架等。基本构件是构成钢结构的基本单元，包括柱、梁、撑等。塔架是支撑设备或竖向管道的高宽比较大的高柔结构。管架则是支撑水平管道的钢构架。钢结构中最常见的形式为钢构架，它是由柱、梁、撑组成的一般钢构架❷。钢结构广泛应用于工业厂房、机场车库、体育场馆、仓

---

❶　田景成. 工程 CAD 中模板技术的研究与应用. 北京：中国科学院研究生院，2000.
❷　中国科学院计算技术研究所（北京中科辅龙公司）中国石化扬子石油化工设计院技术报告.

库、购物中心等工业与民用建筑。由于科技的发展及钢材品质的进步，钢结构的重要性被先进国家和地区所肯定，在欧洲、美洲、日本、中国台湾等地，厂房的兴建全部采用钢结构。而在一些先进城市，大楼、桥梁、大型公共工程，亦多采用钢结构建筑。最近10年，在美国，大约70%的非民居和两层及以下的建筑均采用了轻钢钢架体系。

北京奥林匹克场馆也大量采用了钢结构建筑。如奥林匹克多功能演播塔主体采用钢结构。演播塔平面为等边三角形，分7层塔楼，首层塔楼为建筑面积1000平方米的休息大厅，2~6层塔楼为演播室，顶层塔楼为观光厅，整体总高度构为132米，由于使用钢结构模型，所以内部空间非常宽阔。

国家体育场（鸟巢）主体也全部采用钢结构。其造型呈双曲面马鞍形，东西向结构高度为69米，南北向结构高度为41米，钢结构最大跨度长轴333米，短轴296米，结构组件相互支撑，形成网格状构架，组成体育场整个的"鸟巢"造型，如图1-1所示。

图1-1　鸟巢钢结构

国家游泳中心——"水立方"主体也是采用钢结构，如图1-2所示。

图1-2　国家游泳中心钢结构

2. 钢结构设计主要步骤

钢结构应用如此广泛，其设计也就成为工程设计领域一个非常普遍而重要的组成部分，钢结构设计是一个复杂的过程，主要设计步骤如下。

（1）工程数据的准备

开始一个项目时，首先要将项目所需的大量工程和项目参数准备好，作为后续设计的依据，如结构的默认材料，结构的安全等级，轴网等的跨度和跨数，各种折减系数和效应增大系数，杆件允许长细比，梁允许挠度，构架允许位移，节点设计中焊条材料的选用等。

（2）结构布置

根据功能要求，首先进行各个楼层的构件布置，如柱、梁、支撑、支架、栏杆、设备支座、楼板、楼梯、加筋肋等，然后进行立面上杆件的布置，最终形成一个空间杆系结构。

（3）结构分析计算

首先将载荷（均布载荷、集中载荷、风载、地震等）和约束（刚接、铰接）布置到杆件、节点（杆件的交点称为节点）、楼板等构件上，形成分析计算模型。然后进行结构力学分析，计算出每根杆件端部的内力，形成内力模型。对不同组的内力进行组合，求出最不利截面。对所有可能的载荷组合情况进行极限状态验算，检验模型的安全性。如果结构不符合要求，则返回结构布置阶段，修改结构。如果结构符合要求，则进行结果（内力包络图、变形图、计算简图、计算书）输出。

（4）节点设计

根据力学分析产生的杆端内力以及节点处所连接的杆件类型进行节点设计，计算出节点板的形状和几何尺寸及其连接方式以及焊接设计。

（5）构造要求检查

对前面的结构及设计结果进行检查，如果不满足要求则返回结构布置，修改结构。

（6）施工图绘制

根据结构布置和节点设计的设计结果，绘制出各种施工详图（楼层平面图、立面图、杆件详图、节点详图、支架详图、楼梯详图等）、材料统计表、施工总说明等，作为现场施工或工厂加工的依据。

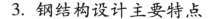

3. 钢结构设计主要特点

（1）工程数据量大

在实际设计中，首先要有整个工程项目的要求以及其他专业为钢结构提供的数据，然后就是实际计算中要用到的型钢的各种几何参数和工程属性（如惯性矩、惯性积、转动惯量等）。

（2）分析计算时的荷载组合数目大

分析计算时的荷载组合数目大，手工找出最不利的情况很难，工程人员在手工设计时一般需要找出认为最不利的情况进行分析验算。

（3）分析验算的工作量大

工程上首先要进行有限元分析，然后还要进行杆件验算，手工计算时工作量太大。

（4）绘制大量的施工图

在一个钢结构项目中，要绘制大量的施工图，供现场施工人员参照施工。还要进行材料统计，绘出材料表。施工图主要有平面图、立面图、剖面图、杆件详图、节点详图、施工总说明等。

（5）节点设计复杂

由于节点设计复杂，所以工程上有节点设计图册，在手工设计时，工程人员首先按照杆件连接形式及尺寸，在节点设计图册中找出相适宜的一种节点。此时，节点的连接方式及节点板的形状已基本确定，然后根据杆件端部内力计算出节点板的大小及焊缝的长度。[2]

由于钢结构设计中技术难度大、构件数量多、图形表达繁琐，因此采用计算机辅助设计技术是解决钢结构设计的主要途径，以减少工程设计人员的工作量，提高设计效率。钢结构设计软件已成了一种必然的需求。在这种背景之下，本书选择"钢结构设计软件模型、算法及应用研究"这个研究方向，尝试在这方面进行深入研究，解决当前软件模型中和相关算法中存在的一些问题，希望能为该领域的研究提供一些有益的探索。

1.1.2　研究意义

1. 节省钢结构设计时间，提高工作效率

本研究能够减少工厂钢结构设计人员的工作量。在钢结构设计过程中，图纸及标注的生成、计算和资料的查询都是非常费时费力的工作。这几方面本研究中提出了基本的解决方案：对于平立面布置图本研究对各种布置图快速生成进行了探索；对于节点详图本研究针对节点模块提供了各种常用类型的节点；对于图面的编辑修改尤其是尺寸自动标注，本研究进行了深入的探索并提出了比较有效的解决方案；本研究的计算工具模块提供了从截面到构件从力学分析到应力验算的常用计算工具，提供了常用的规范手册型钢数据和图库。因此，本课题的研究能够节省钢结构设计人员的时间，把他们从繁重的绘图、计算及资料查询中解脱出来，由软件来代替，既提高了工作效率，又可以让设计人员去从事更高层面的工作。

2. 促进钢结构设计软件模型以及其他相关课题的深入研究

本研究提出了一种钢结构设计软件模型，并提出了基于模拟退火算法（Simulated Annealing，SA）的一种新的区域划分方法"轮廓区域划分法"，提出并实现了一种可以高效利用空间的节点详图的尺寸标注布局方案，提出尺寸自动标注的分层排布算法，提出一种新的自动标注算法。这些研究是进行钢结构设计软件研究的核心课题，也是进行其他相关软件研究需要解决的课题。因此，本研究为钢结构设计软件的研究以及其他相关课题的研究提供了参考。

1.2 国内外研究现状

1.2.1 国外钢结构设计软件研究现状

1. Tekla Structures 软件

Tekla Structures 是芬兰 Tekla 公司出品的建筑信息建模（BIM）软件，能够在材料或结构十分复杂的情况下，实现准确细致、极易施工的三维模型建模和管理。Tekla 模型适用于从概念设计到制造、架设和施工管理的整个建筑过程。

（1）主要功能

主要功能包括：全三维方式建模，包括了几乎所有的图形编辑手段，能够进行无限次撤销操作；智能节点联结，具有数千种易于使用的节点类型库；自动检查整个钢结构协调性及碰撞问题；灵活连接多种三维结构分析和模拟系统（如 staad/2000，AutoCAD，Intergraph）；自动产生各种精确的工程图纸，包括装配图、组装图、零件图、材料表，并随时和模型保持一致；自动产生 CNC 数据文件，支持多种先进的 CNC 设备及套料软件（如 Peddinghaus 设备，FASTCAM）❶。

（2）完全模块特点

完全模块包括了 3 个功能模块：建模、输出和协作模块。其中，建模模块包括使用户能够查看 Tekla 模型（所有材料和截面，创建和修改轴线，建立部件模型和螺栓模型，创建焊接，向模型添加负荷载，建立钢筋模型，创建钢结构的零件，创建混凝土部件的浇筑体，创建构件层次，创建细部（钢筋混凝土）连接，与多个部件创建自动预置连接，制定安装顺序，查看 4D 模型信息（模拟进度），自动对部件进行标记/编号。

输出模块使用户能够创建带有钢筋弯曲表的现浇混凝土钢筋图纸，自定义图纸标题栏和报告，创建整体布置图（平面、剖面和立面），创建单零件和构件图纸（钢），创建浇铸件图纸（预制混凝土），打印和标示图纸与报告，创建报告（构件列表和部件列表），创建钢筋报告（钢筋弯曲表，重量和数量）。

协作模块使用户能够与多个用户同时对同一模型执行操作，

---

❶ 蔡长丰，尚守平，舒兴平. 高层钢结构节点施工图自动标注研究——钢结构，2000，02.

连接到其他工具和专业，在因特网发布模型以供查看，交换数据（CIS/2 格式，MIS 系统），导出 CNC 和 DSTV，通过链接（FEM，SDNF 和 XML）导入外部数据/导出数据，通过 IFC2x2，2x3 和 TeklaOpenAPI 导入和导出数据，连接到分析和设计软件进行数据交换，导入和导出图形的二维和三维数据（DXF，DGN 和 DWG）❶❷。

2．StruCAD 软件

StruCAD 是英国 AceCAD 公司出品的钢结构设计软件。

（1）主要功能

它能够实现如下功能：大型钢结构 3D 模型的设计；所有构件，组合构架及零配件的制造和施工详图；详细的总体平面布置图，立面布置图，以及安装图；全尺寸节点连接板的放样图和圆管包络切割图；CNC 可由用户裁剪的材料用量表；符合国标的型钢规格库与连接形式。

（2）特点

StruCAD 的主要特点包括：可以从二维线结构环境生成三维实体；实体模型自动更新；操作者可自行设计连接形式；可使用内嵌式开发模块对程序进行开发；提供与其他程序连接的接口❸。

---

❶　Tekla software products，http：//www.tekla.com/international/Pages/Default.aspx.

❷　陈振明，张耀林，黄冬平．Tekla Structure 软件在 CCTV 主楼钢结构深化设计中的应用，施工技术，2008 年 8 月第 37 卷第 8 期.

❸　蔡长丰，尚守平，舒兴平．高层钢结构节点施工图自动标注研究，钢结构，2000，02.

2012 年初，美国天宝导航和 Tekla 公司对 StruCad 进行了联合收购，并已逐步将其整合到 Tekla Structures 软件之中。

3. STAAD/CHINA 软件

STAAD/CHINA 是国际化的通用结构分析与设计软件，是美国 Bentley 工程软件有限公司的软件产品，由两部分组成：STAAD.Pro 与 SSDD。

（1）STAAD/CHINA

STAAD/CHINA 主要具有以下功能：

强大的三维图形建模与可视化前后处理功能：STAAD 本身具有强大的三维建模系统及丰富的结构模板，用户可方便快捷地直接建立各种复杂的三维模型。用户也可通过导入其他软件（例如 AUTOCAD）生成的标准 DXF 文件在 STAAD 中生成模型。对各种异形空间曲线、二次曲面，用户可借助 EXCEL 电子表格生成模型数据后直接导入到 STAAD 中建模。最新的 STAAD 版本允许用户通过 STAAD 的数据接口运行用户自编宏建模。高级用户可用各种方式编辑 STAAD 的核心的 STD 文件（纯文本文件）建模。用户可在设计的任何阶段对模型的部分或整体进行任意的移动、旋转、复制、镜像、阵列等操作。

超强的有限元分析能力，可对钢、木、铝、砼等各种材料构成的框架、塔架、桁架、网架（壳）、悬索等各类结构进行线性、非线性静力、反应谱及时程反应分析。

国际化的通用结构设计软件，程序中内置了世界 20 多个国家的标准型钢库供用户直接选用，也可由用户自定义截面库，并可按照美、英、日、欧洲等世界主要国家和地区的结构设计规范进行设计。

可按中国现行的结构设计规范，如《建筑抗震设计规范》GB50011－2001、《建筑结构荷载规范》GB50009－2001、《钢结构设计规范》GB50017－2003、《门式刚架轻型房屋钢结构技术规程》CECS102：2002等进行设计。

普通钢结构连接节点的设计与优化，完善的工程文档管理系统，结构荷载向导自动生成风荷载、地震作用和吊车荷载，方便灵活的自动荷载组合功能，增强的普通钢结构构件设计优化，组合梁设计模块，带夹层与吊车的门式刚架建模、设计与绘图，可与 Xsteel 和 StruCad 等国际通用的详图绘制软件有接口❶。

（2）STAAD. Pro

STAAD. Pro 是由美国世界著名的工程咨询和 CAD 软件开发公司——REI（Research Engineering International）从 20 世纪 70 年代开始开发的通用有限元结构分析与设计软件，是一个功能极其强大的工程分析计算软件。可用于分析与设计空间框架结构、桥梁结构、塔桅结构、厂房结构等各类复杂结构形式；具有丰富并可扩充的标准节点库、连接构件库和世界各主要国家的型钢库；程序中内置的组合截面生成工具，可方便地由用户自定义各类空腹和实腹的组合截面；通过人机对话可进行交互式节点设

---

❶　BENTLEY 软件（北京）有限公司，"国际化的通用结构分析与设计软件 STA-AD/CHINA"，http：//wenku. baidu. com/view/692ad57ca26925c52cc5bf93. html.

计，并可自动绘制各种标准节点的施工详图；界面友好的交互供快捷建立三维结构计算模型，并可方便地以图形和文本方式进行修改。该软件提供了中国、美国、英国、日本等各主要国家的结构设计规范，可对工业厂房、楼群房、输电塔、桥梁、地下结构等各种钢结构、钢筋结构、木结构、铝结构及混合结构进行设计。使用者可通过图形输入方式完成全部输入工作。STAAD. Pro 采用有限元法对含有框架、板、壳及三维块体单元的结构进行二维或三维静动力及非线性分析。其强大的分析功能可满足各种结构设计的要求。例如：橇架，缆索，仅受拉杆件，仅受压杆件，构件偏心，主从节点，单元及构件节点自由度解综合利用约束，构件截面旋转，各种支撑条件，各种荷载及荷载组合等都可以在程序中考虑。STAAD. Pro 在工程界享有极高的声誉，许多世界著名的大工程公司，如 FluorDaniel，BechtelCorp，FosterWheeler，BritishTelecom 等，都用其作为自己唯一指定的结构工程计算软件，STAAD. Pro 的用户遍及世界各地。在中国，STAAD. Pro 也已经广泛应用于石化、电力、交通等各个领域，大量的设计成果已经在全国各大企业出现并使用良好。统计到 2005 年底，在全球近百个国家中已超过 160000 用户。

（3）SSDD

SSDD 是由阿依艾工程软件（大连）有限公司所开发的钢结构分析设计与绘图软件，并可对 STAAD. Pro 的分析结果进行中国规范检验及后处理设计。在中国建筑金属结构协会建筑钢结构委员会首批审批登记和 2004 年重新审定的钢结构工程设计软件中，STAAD/CHINA 被评为适应国内与国外工程的软件。2005 年 8 月，Bentley 工程软件有限公司并购了美国 REI 公司的 STA-AD. Pro 产品及相关的软件开发、技术支持及销售人员。2007 年 8 月，Bentley 工程软件有限公司大中华区总部又将阿依艾工程软件（大连）有限公司所拥有的 STAAD/CHINA，SSDD 等软件和相关人员实施了并购。目前，Bentley 工程软件有限公司拥有 STAAD. Pro，STAAD/CHINA 和 SSDD 软件产品的全部知识产权。以上产品的原客户也成为 Bentley 工程软件有限公司的客户。

4．Frameworks Plus 软件

Frameworks Plus 是由 Intergraph 公司开发的钢结构设计软件，它全面支持 Intergraph 公司的工厂设计软件 PDS（Plant Design System），与 PDS 无缝集成。Frameworks Plus 是一个强大易用的二维/三维结构建模和绘制软件，不仅能出施工图，而且能在设计的任何阶段生成用户的材料表。

5．PDMS（Plant Design Management System）软件

PDMS（Plant Design Management System）是英国剑桥 CAD 中心（CAD Centre）从 1974 年起与 Isopipe 和 Akzo Engineering 公司合作开发的。

主要功能特点包括：全比例三维实体建模，而且以所见即所得方式建模；通过网络实现多专业实时协同设计、真实的现场环境，多个专业组可以协同设计以建立一个详细的 3D 数字工厂模

型，每个设计者在设计过程中都可以随时查看其他设计者正在干什么；交互设计过程中，实时三维碰撞检查，PDMS 能自动地在元件和各专业设计之间进行碰撞检查，在整体上保证设计结果的准确性；拥有独立的数据库结构，元件和设备信息全部可以存储在参数化的元件库和设备库中，不依赖第三方数据库；开放的开发环境，利用 Programmable Macro Language 可编程宏语言，可与通用数据库连接，其包含的 AutoDraft 程序将 PDMS 与 AutoCAD 接口连接，可方便地将两者的图纸互相转换，PDMS 输出的图形符合传统的工业标准。

6. 国外研究现状小结

总的来讲，国外软件在技术上比较成熟，整体水平比较先进。但是，这些软件在国内的使用过程中也表现出许多不足之处，与本研究相关的方面包括：

（1）设计规范不同

大多数国外软件不符合中国的设计规范，包括中西文文字标注、工业标准、图面表达、单位制、材料表等诸多方面，因此需要进行大量的二次开发工作才能使软件真正发挥作用。

（2）节点设计有限

作为工厂设计重要组成部分的钢结构设计，如果缺少了节点的设计与出图，等于少了一半的功能。由于国外普遍采用两段式设计方式，即设计图阶段和详图阶段。国外的钢结构系统软件是针对前一阶段的设计，而且节点的种类有限，因而节点的尺寸标注也是有限的，不能满足国内所遇到的各种各样的节点尺寸标注问题。而且，国内的中小设计院基本是两段合一的设计模式，因此要想达到施工的具体要求，必须进行深入的细化工作，无法用国外的软件直接产生符合国情的标注完整的节点图。

由此可见，国外先进的工厂设计 CAD 系统并不能直接应用于国内设计领域，要想提高国内相关设计部门的 CAD 应用水平，需要靠我们自己软件技术水平的发展，开发出具有自主版权，真正满足工程设计需要的工厂设计软件。

1.2.2　国内钢结构设计软件研究现状

1．3D3S 钢结构 CAD 软件

3D3S 钢结构—空间结构设计软件是同济大学独立开发的 CAD 软件系列，同济大学拥有自主知识产权。该软件在钢结构和空间结构设计领域具有独创性，填补了国内该类结构工具软件的一个空白。

3D3S 软件包括四个系统：3D3S 空间钢结构设计系统、3D3S 钢结构实体建造及绘图系统、3D3S 钢结构非线性分析系统、3D3S 辅助结构设计及绘图系统。❶❷

（1）3D3S 空间钢结构设计系统

3D3S 钢与空间结构设计系统包括轻型门式刚架、多高层建

---

❶　上海同济创迪计算机软件有限公司. 3D3S 功能特点. 2001.
❷　上海同济大学空间钢结构软件 3D3S 主页. www. tj3d3s. com，2012.

筑结构、网架与网壳结构、钢管桁架结构、建筑索膜结构、塔架结构及幕墙结构的设计与绘图，均可直接生成 Word 文档计算书和 AutoCAD 设计及施工图。

（2）3D3S 钢结构实体建造及绘图系统

3D3S 钢结构实体建造及绘图系统主要是针对轻型门式刚架和多高层建筑结构，可读取 3D3S 设计系统的三维设计模型、读取 SAP2000 的三维计算模型或直接定义柱网输入三维模型，提供梁柱的各类节点形式供用户选用，自动完成节点计算或验算，进行节点和杆件类型分类和编号，可编辑节点，增/减/改加劲板，修改螺栓布置和大小、焊缝尺寸，并重新进行验算，直接生成节点设计计算书，根据三维实体模型直接生成结构初步设计图、设计施工图、加工详图。

（3）3D3S 钢结构非线性分析系统

3D3S 钢结构非线性分析系统分为普通版和高级版，普通版主要适用于任意由梁、杆、索组成的杆系结构；可进行结构非线性荷载——位移关系及极限承载力的计算、预张力结构的初始状态找形分析与工作状态计算，包括索杆体系、索梁体系、索网体系和混合体系的找形和计算、杆结构屈曲特性的计算、结构动力特性的计算和动力时程的计算；高级版囊括了普通版的所有功能，此外还可进行结构体系施工全过程的计算、分析与显示。可任意定义施工步及其对应的杆件、节点、荷载和边界，完成全过程的非线性计算，可考虑施工过程中因变形产生的节点坐标更新、主动索张拉和支座脱空等施工中的实际情况。

（4）3D3S 辅助结构设计及绘图系统

3D3S 辅助结构设计及绘图系统可对独立基础、条形基础、钢结构梁、钢结构柱、钢结构支撑、压型钢板组合楼盖、组合梁及中小工作制吊车梁进行设计和验算，并可直接生成计算书及 AutoCAD 设计和施工图，对于直跑和旋转钢楼梯，根据输入参数直接生成 AutoCAD 施工图。

2. PKPM 系列钢结构设计软件 STS

STS 是中国建筑科学研究院 PKPM 系列中钢结构设计软件模块，包括钢结构的模型输入、结构计算、节点设计与施工图辅助设计，是一套由中国建筑科学研究院开发的，集建筑、结构、给排水、电气、采暖、通风空调等工程设计的辅助软件。在工程图方面，STS 能自动布置施工图图面，同时提供方便、专业的施工图编辑工具，用户可用鼠标随意拖动图面上各图块，进行图面布局。程序给出的标注很详细，对于图面上难以避免的重叠现象，程序提供一个针对专业标注设计的"移动标注"菜单，用鼠标成组地拖动尺寸、焊缝、零件编号等标注，可大大减少修改图纸的工作量。使用程序自带的图形编辑环境，可以进行图形编辑和补充绘图。

PKPM2010 新规范版本设计软件分别在 2011 年 9 月 30 日和 2012 年 6 月 30 日推出了 v1.2 和 v1.3 两个正式版本。在这两个版本中，反映了新推出规范的设计要求与大量用户需求的功能改进。其中，钢结构设计软件 STS 根据新抗震规范进行了大规模修订，调整了结构类型，增加了钢结构抗震等级要求，实现了钢结构"性能设计"要求，在"低延性、高弹性承载力"性能设计的前提下，宽厚比等抗震构造措施可以放宽；改进了长细比限制要求，对厂房类结构轴压比较小时放宽要求；修改抗震情况下承载力抗震调整系数、强柱弱梁计算等相关构件设计内容；不仅根据新规范对相关内容进行了修订，而且总结了几年来用户的建议，相应增加了较多新功能。❶

3. SS2000 软件

SS2000 软件是中冶建筑研究总院、中国京冶工程技术有限公司开发的钢结构设计 CAD 系统，适合于多层、高层建筑物及构筑物钢结构，或钢结构—混凝土组合结构的设计，主要功能包括以下几项。

（1）建模

采用图形输入方式，可在平面或空间状态下进行结构布置，并有方便地修改和复制功能。可将楼面荷载、风荷载等自动导入计算模型上，并可方便地增加局部荷载。根据墙体大小，自动对剪力墙进行细分。提供了方便地修改功能和即时数检功能。

（2）计算分析

结构静力、动力分析采用空间有限元分析程序，其计算容量只受计算机硬盘容量限制。计算结果均可以用图形进行显示。构件承载力计算。自动区别构件类型并自动按不同规范进行承载力

---

❶ 孔春梅. PKPM 建模及使用体会，FORTUNE WORLD 2009. 2.

计算。梁、柱截面的估算功能可以帮助用户快速选择出合适的截面。可以进行 P－△效应分析、考虑活载最不利分布的影响、考虑施工加载影响。

（3）节点设计

节点类型，包括梁—柱连接、梁—梁连接、梁柱—支撑连接、柱拼接、柱脚节点，每种节点有多种类型节点供选择。节点设计，可全自动设计，也可以人工选定节点进行设计。

（4）施工图

开发了专用图形平台，在该平台上可自动生成图纸，并设有方便实用的图纸修改功能，最后的图纸均可保存为 AUTOCAD 的 dwg 文件。结构设计图包括结构设计总说明、标准节点、标准焊缝、锚栓平面布置图、结构平立面图。钢结构施工详图包括结构平面图、梁加工详图、柱加工详图、支撑加工详图。

（5）工程量统计和工程报价

自动按详图准确地统计出钢构件工程量、螺栓套数、锚栓套数、钢构件表面积，并作出钢材订货表和钢结构工程报价。

（6）计算书

自动对计算结果进行处理，提取用户关心的结果处理成图、文、表并茂的 Word 文档计算书。

4. 空间结构设计系统 TWCAD/SSCAD

空间结构设计系统 TWCAD/SSCAD 由上海交通大学结构工程研究所开发，经过多年发展，TWCAD 与 SSCAD 的功能趋于相同。适用于网格结构优化设计、施工图、加工图设计，可用于其他由杆系、梁系、索系组成刚性结构的分析设计工作。

TWCAD3.0 系统包括建模系统（建立空间结构模型）、优化设计系统（杆件线性优化设计和节点设计）、施工图设计系统（施工图、加工图设计）、模态分析系统（求解空间结构振型及周期）、地震反应分析系统（采用振型分解反应谱法进行抗震验算）、动力分析系统（采用时程分析法进行空间结构在动力荷载及地震作用下的反应分析）、几何非线性稳定分析（采用弧长法求单层网壳结构的临界荷载及对网壳结构进行全过程屈曲分析）七部分。

5. SFCAD 软件

SFCAD 是北京炼油设计院开发的钢构架及钢平台的设计软件，它由四部分组成，首先是 SF386，以交互方式输入信息，进行前处理；其次是 SFCL，用于结构计算，荷载计算；再次是 PLATE，平面图绘制；最后是 ST3，进行施工图，立面图和节点的表示。

1.2.3 国内外研究现状总结

综上所述，在钢结构设计软件中，节点图自动生成和自动标注是钢结构设计的关键技术之一。节点图是结构设计的重要表现形式和工程施工的重要依据，但是结构节点图的自动生成和自动尺寸标注功能是目前大多数钢结构软件所不具备的。节点设计是比较经验化的工作，不同人员所做的设计很难评价其优劣。其技术难点在于节点计算中的整体优化、归类、自动绘制和标注，节点的优化计算往往需要大量的计算和人工经验，其计算量足以使设计人员抛弃节点自动生成，采用手工设计。本研究从总结优化规则做起，建立有效，可行和计算量较小的优化模型，将图形学和人工智能技术有机结合起来，力求形成快速有效的节点图自动生成和标注算法。本研究工作的主要目标就是钢结构设计软件模型、钢结构节点图自动生成模块中尺寸自动标注区域划分方法、自动标注规则、标注布局模型、分层排布算法和自动标注算法研究。

1.3 主要内容

本书介绍了一种钢结构设计软件模型，提出基于模拟退火算法的一种新的区域划分方法"轮廓区域划分法"：一种可应用于钢结构设计软件以及其他同类软件中进行图纸自动标注时的区域划分方法。在原有规则基础上提出新的标注规则，提出并实现了一种可以高效利用空间的节点详图的尺寸标注布局模型，不仅良好地解决了碰撞问题，而且有效地利用了图纸空间，使图面布局均匀而美观，符合工程需求。提出尺寸自动标注的分层排布算法，有效地解决了干涉问题。提出一种新的自动标注算法，实现了编号标注和焊缝标注的既能独立又可统一的自动标注。

第一章，主要介绍本研究的背景、意义、内容、研究方法和创新点。对于钢结构设计软件概念、模型和国内外钢结构设计软件相关研究现状做了综述，并对上述研究做了归纳总结，提出本研究的主要目标和主要内容，并介绍了研究方法和创新点。

第二章，介绍一种钢结构设计软件模型及开发环境，并基于该模型提出节点图自动标注相关概念和主要任务，提出需要解决的问题，为一种新的区域划分方法的提出奠定基础。

第三章，首先提出尺寸自动标注中的关键技术和难点，对碰撞问题、图纸布局问题进行了较为详细的描述，介绍了区域划分思想及原有的节点图自动标注，提出节点图形轮廓特点的重要发现，为新的区域划分方法的提出奠定基础，最后提出一种新的区域划分方法。

第四章，尺寸自动标注的生成。首先提出尺寸自动标注前的数据准备，介绍自动标注模块的数据来源及数据结构，建立数据的映射关系，介绍如何取得图形中心，取得图形区各零件包围盒、各尺寸标注区及图形轮廓，取得图形之间的包含关系。在原有规则基础上提出新的标注规则，进行标注布局模型和分层排布算法研究，自动标注算法研究，提出尺寸自动标注的算法流程，由投影点列生成尺寸线，提出尺寸线的布局，如何生成分尺寸线和总尺寸线。

第五章，提出零件编号和焊缝自动标注的生成算法，首先介绍零件编号自动标注流程，拾取定义点流程和拾取定义点算法，为定义点排序。然后介绍一个零件编号标注的生成算法，焊缝标注的生成算法，介绍了焊缝标注的流程图，取得焊缝标注定义点。最后生成一个焊缝标注。

第六章，结论与展望，对全文进行归纳总结，指出本研究尚待解决的一些问题和未来研究方向。

1.4 研究方法

本研究综合运用多种方法，对钢结构设计软件模型、算法以及应用进行了全面系统的研究。

1.4.1 文献研究

在本课题研究过程中，通过文献研究方法，查阅大量文献，全面了解了钢结构软件模型及相关算法的历史和现状，形成对于钢结构软件模型、算法及应用研究的总体印象，提供了研究的思路。与当前研究进行分析、比较，从而确定了课题研究方向。并结合前人优秀成果，提出解决问题的思路。

1.4.2 归纳演绎法

对目前现有的钢结构软件模型、节点图自动标注相关算法及应用进行客观的分析，通过归纳总结，全面认识现有研究成果的优点和不足，为改进和创新研究奠定基础，并最终形成钢结构软件模型、算法。然后将综合性、一般性的结论运用到钢结构设计软件实践中，使本研究结果既有理论支持又具有可操作性。

1.4.3　理论和实证研究相结合

根据理论分析，从本质化存在方面，对隐藏在表象背后的逻辑进行抽象，更深层次的把握课题研究对象。通过理论分析，使本研究从一个较高的角度出发，得出比较前沿的结论，同时结合实证研究方法，将普遍性的理论与实际对象相结合，理论与实证相互印证，提高研究的实用性。

1.4.4　实验法

实验法就是通过主动操纵实验条件，人为地改变对象的存在方式、变化过程，使它服从于科学认识的需要。根据研究的需要，借助各种方法技术，减少或消除各种可能影响科学的无关因素的干扰，在简化、纯化的状态下认识研究对象，以发现、确认事物之间的因果联系的有效工具和必要途径。研究过程中不断改变实验数据，反复测试，观察、分析实验结果，完善钢结构软件节点图自动标注理论和算法，通过实验修正算法理论，通过理论指导实验。

1.4.5　定量分析和定性分析相结合

研究中，通过定量分析对钢结构设计软件模型、算法的认识进一步精确化，以更加科学地揭示规律，把握本质，理清关系，预测事物的发展趋势。通过定性分析，对研究对象进行"质"的方面的分析。即运用归纳和演绎、分析与综合以及抽象与概括等方法，对获得的各种材料进行思维加工，从而能去粗取精、去伪存真、由此及彼、由表及里，达到认识事物本质、揭示内在规律。

1.5 创新点

1.5.1 钢结构设计软件模型

介绍一种钢结构设计软件模型，本模型包括以下几个功能模块结构布置、内力分析、节点设计、施工图纸绘制。

1.5.2 尺寸自动标注区域划分方法

提出基于模拟退火算法的一种新的区域划分方法"轮廓区域划分法"：一种可应用于钢结构设计软件以及其他同类软件中，进行图纸自动标注时的区域划分方法。在节点详图的尺寸自动标注中，标注区及绘图区的划分是基础，接着才能实现尺寸自动标注。"曲木求曲，直木求直"，以合理的区域划分为基础，后续步骤中实现合理标注才有可能。本书提出的"轮廓区域划分方法"，以图形自身轮廓多边形作为绘图区，以这种划分方式为基础，后续工作中标注布局和干涉问题能够得到合理的解决，使尺寸自动标注能够符合工程上的需求。

1.5.3 自动标注规则

在原有规则基础上提出新的标注规则：对于材料型号和编号

的标注，由于标注空间的限制，在图上只标出材料编号，型号根据编号可从材料表中查到；截断杆的轴向尺寸不必标注，即不必标注截断处的轴向尺寸；各种标注依据尽量靠近被标注对象的原则；相邻编号标注或焊缝标注错开一段距离，以避免发生干涉；杆件的分尺寸标注以图形轴线为基准，一端为杆件端点，另一端为主轴线上；板如果关于轴线对称，则其分尺寸标注方法同杆件，否则以其自身的一端为基准进行分尺寸标注。

1.5.4 标注布局模型

提出并实现了一种可以高效利用空间的节点详图的尺寸标注布局模型：布局是指图形及各种标注元素在空间的摆放，布局问题是自动标注的关键技术和难点之一，作为公认的NP－完全（NP－complete）难度问题已经被研究多年。本书在合理的区域划分基础上，提出了一种高效的布局模型，不仅良好地解决了碰撞问题，而且有效的利用了图纸空间，使图面布局均匀而美观，符合工程需求。

1.5.5 分层排布算法

提出尺寸自动标注的分层排布算法，有效地解决了干涉问题：干涉问题也是自动标注的关键技术和难点之一，就是各种图形元素之间的碰撞问题，包括标注内容与图形，标注内容之间的相互干涉，它需要巧妙的程序设计方法和很大的工作量。本书提出一种尺寸自动标注的分层排布算法，巧妙地解决了标注体的排布问题，形成了符合工程需求的标注体排布方式。

1.5.6　自动标注算法

提出一种新的自动标注算法，使构件编号标注和焊缝标注既能独立又可统一：在节点详图自动标注中，由于构件编号标注和焊缝标注形式上的相似性，因此它们所属的标注区相同，而由于它们本质的不同，又需要各自独立处理。在同一标注区处理这两种不同种类的标注，如果只标注其中一种，那么标注体的排列比较容易，但是如果两者同时处理，使之交错排列，就像处理同一类标注一样，是需要一定的算法和技巧的，本书提出一种新的算法，实现了编号标注和焊缝标注的既能独立又可统一的自动标注。

第二章　钢结构设计软件模型

2.1　钢结构设计软件模型主要特点

本模型具有以下特点。

1. 全三维建模

可以在平面，立面及任意三维视图上进行结构、约束、荷载布置和节点设计建模，可以设计构架，管架，塔架，楼梯，栏杆，支架，桁架等结构。提供丰富的编辑功能，方便用户对模型进行调整。

2. 灵活的显示方式

由于钢结构中的杆件多，如果在一个三维图中将所有杆件都显示出来势必使图面混乱，本模型可以在另外的视区中仅仅显示某一标准层或楼层，立面的布置情况。这样使图面清晰，也便于平面和立面的布置。

3. 丰富的杆件编辑功能

创建杆件之后，可以修改杆件属性。可以修改杆件的起点偏移和终点偏移，或者添加或删除偏移。修改杆件的长度、对齐方式和位置，并指定是否保持该杆件与其他结构杆件的连接。对于弧形结构杆件，可以修改半径。通过修剪方式修改结构杆件的几何图形。通过修改结构杆件类型，将支撑修改为梁，或者将柱修改为支撑。通过修改杆件样式修改造型。

4. 丰富的构件类型

构件包括板、梁、柱、墙、撑、桁架、缀板、缀条、填板、楼梯、栏杆、设备支座等。其中板是覆盖一个具有较大平面尺寸，但却具有相对较小厚度的平面形结构构件。梁指承受垂直于其纵轴方向荷载的线型构件。柱是承受平行于其纵轴方向荷载的线形构件，它的截面尺寸小于它的高度，一般以受压和受弯为主。墙主要是承受平行于墙体方向荷载的竖向构件，它在重力和竖向荷载作用下主要承受压力，有时也承受弯矩和剪力。撑指增加杆件式支架之间的稳定性和整体性的构件。桁架指主要承受轴向拉力或压力，从而能充分利用材料的强度，在跨度较大时可比实腹梁节省材料，减轻自重和增大刚度。缀板用在格构式柱中连接格构柱两个分肢，如果只用水平板件连接，就是缀板。如果采用水平和斜向杆件间隔连接就是缀条。填板对于受压构件是为了保证一个角钢或者一个槽钢的稳定，对于受拉构件是为了保证两个角钢和两个槽钢共同工作并受力均匀。设备支座指用以支承容器或设备的重量，并使其固定于一定位置的支承部件，要承受操作时的振动与地震载荷。

5. 模型数据冗余度低

重复数据较少。通过数据库存储数据，实现了数据共享，从而避免建立多个文件，减少了大量重复数据和数据冗余，维护了数据的一致性。

6. 高效可靠的结构布置、分析计算和优化功能

根据体系特征，荷载分布情况及性质等综合考虑进行结构布置。刚度、力学模型可以清晰得到，检测柱间抗侧支撑的分布是否均匀。可以调整框架结构的楼层平面次梁的布置改变其荷载传递方向，从而满足不同的要求。可以灵活地对主、次梁进行布置。对承受预计荷载及发生外部变化（例如，支座移动及温度变化）进行预计分析计算，进行功能优化。

7. 全自动的节点设计

采用模板方式进行节点连接的自动选型设计，预定义了丰富的节点模板库，可以涵盖杆件间焊接，高强螺栓连接等数以万计的节点连接形式（目前的节点的选型设计涵盖了各种现场焊接的节点形式。在下一版中将包括高强螺栓连接和工厂制作节点），同时允许利用模板定制自己的节点连接形式。系统具有自动完成节点设计所需要的数据采集，节点选型，计算，归并，最终生成

标注齐全的节点详图的全部功能，节点归并中可对节点板自动进行碰撞处理。系统提供节点图形预览功能，用户可对节点图形进行交互修改，也可通过修改杆端力来修改节点板尺寸。

8. 自动绘制施工详图

系统按照现行国家规范，规定自动生成标注齐全的建筑立面，轴侧，平面，立面，剖面，构（杆）件，节点，零件大样等施工详图；能够在抽取平面图或立面图后自动抽取相应的构件详图，如节点详图，杆件详图，设备支座详图，支架详图，支撑详图，楼梯详图等；系统提供对图纸的部分自动标注功能，当自动标注完成后，用户可以通过系统提供的标注编辑功能对标注进行完善。

9. 准确快捷的材料统计

10. 强关联性的图纸管理

11. 丰富的数据库和数据库管理

12. 全新设计的图形库管理系统

图形库不仅提供系统所需的各种标准件及构件的图形显示，而且具有强大的图形处理功能，包括基于工程规则的三维消隐，加工特征及剖面处理等，为自动生成施工图等功能打下了基础❶。

---

❶ 中国科学院计算技术研究所（北京中科辅龙公司）中国石化扬子石油化工设计院，技术报告.

2.2 主要设计流程

如前所述，钢结构是用钢板、热轧型钢或冷加工成型的薄壁型钢制造而成的，通常由梁、柱、撑、桁架、板等构件组成，各部分之间用焊接、螺栓或铆钉连接。钢结构主要用于工业建筑、民用建筑、石油化工行业等，特别适合于大跨度结构、重型厂房结构、受动力荷载影响的结构、可拆卸的结构、高耸结构和高层建筑等。

本钢结构设计软件模型主要设计流程为：首先输入工程的总体参数，然后根据功能要求、分层和立面进行结构布置，形成一个空间杆系结构，再在结构上加荷载和约束，进而进行力学分析、杆件校验。如果结构不符合要求返回结构布置阶段，若满足要求，则根据力学分析结果进行节点设计，进而进行构造检查；如不满足要求，则重新进行结构布置，最后画出施工详图。

其中，工程的总体参数主要包括材料设计参数和构件设计参数。材料设计参数允许用户自定义一种或几种钢材，并指定其各自的强度值，包括屈服强度、抗拉强度、抗剪强度和端面承压强度。软件预先定义几种常用钢材类型，如 Q235 号钢、Q345 号钢、Q390 号钢和 Q420 号钢（一般比较常用），允许用户直接选用。用户自定义的和软件中设定的各种材料类型，均可通过后续步骤将其指定到结构中的构件上。构件设计参数包括一般参数，指定参数名称、构件类型和钢材型号。"参数名称"是参数的标志，便于用户识别。"构件类型"指定构件的类型为受弯构件（梁）、轴心受力构件（桁架）和拉（压）弯构件之一，即用户定义构件类型。另外包括构件的受压、受拉容许长细比；主次轴的塑性发展系数；平面内外的等效弯矩系数；受弯构件整体稳定性系数和轴心受压构件稳定性系数等。

结构布置根据体系特征，荷载分布情况及性质等综合考虑。一般要求刚度均匀，力学模型清晰，尽可能限制大荷载或移动荷载的影响范围，使其以最直接的线路传递到基础。柱间抗侧支撑的分布应均匀。其形心要尽量靠近侧向力（风震）的作用线，否则应考虑结构的扭转。结构的抗侧应有多道防线。比如有支撑框架结构，柱子至少应能单独承受 1/4 的总水平力。框架结构的楼层平面次梁的布置，有时可以调整其荷载传递方向以满足不同的要求。

2.3　主要功能模块

钢结构设计软件模型主要包括以下功能模块：结构布置、内力分析、节点设计、施工图纸绘制，如图 2 - 1 所示●。

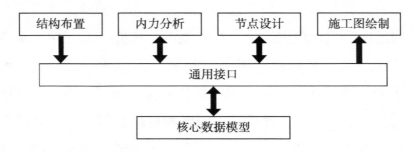

图 2 - 1　钢结构计算机辅助设计系统的总体模型

●　中国科学院计算技术研究所（北京中科辅龙公司）中国石化扬子石油化工设计院，技术报告.

软件采用面向对象设计方法实现。软件总体结构包括：实体对象、访问接口、结构布置模块、分析计算模块、节点设计模块和图纸绘制模块。实体对象代表系统的核心数据，包括结构中各个构件的工程属性数据和图形数据，实体对象通过访问接口与结构布置、分析计算、节点设计、图纸绘制等模块通讯。实体数据分为杆件、节点、荷载、工程数据、层和视图数据。杆件与节点之间具有对应关系，荷载施加于杆件和节点之上，每个层都是由杆件构成的，杆件与节点都有工程数据，视图用于显示平面视图、立面视图、三维视图和节点图。工程数据是指施工说明、材料表等。

1. 结构布置模块

结构布置，建立钢结构的模型。结构布置阶段不仅需要按楼层和立面建立起由柱、梁、撑组成的空间杆系结构，而且在一个钢结构中还存在楼板（铺在楼层的梁上）、加劲肋（附着于杆件上）、缀板、缀条、填板，以及楼梯、栏杆、桁架、设备支座等复杂构件，在图形表示上还要对杆件做局部修改（如打孔、挖槽、切角等）。

2. 内力分析模块

进行内力分析，分配荷载并计算出整个钢结构中每根杆件的受力情况。分析计算部分要在杆件和节点上布置荷载和约束，并且进行有限元分析时需频繁提取杆件和荷载的信息，且在分析完成后将分析结果加入到杆件上。

3. 节点设计模块

节点设计，就是根据组成节点的杆件端部的内力、杆件类型、用户选定的连接方式和手段进行必要的计算和设计，以确定连接件的有关参数和需要对杆件所做的操作，并将结果返回到工程模型中。节点设计包括选择节点选型，节点计算，标注和出图。

节点设计的工作量约占总工作量的三分之二，是钢结构整个设计工作中一个非常重要的环节。节点的设计是否得当，对保证钢结构的整体性和可靠性，对整个建设周期和工程成本都有着直接的影响。

而节点图的尺寸自动标注是节点设计的一个重要组成部分，它是否能够实现以及实现的程度，是衡量钢结构软件水平的重要标志之一。本文所提到的节点图的含义包括两方面：一是节点平面图，即节点的某一方向的视图，它只用一个图块表示；另一方面是节点详图，即在通一张图纸上同时绘出若干个图块，包括各个剖面图，完整的表达出节点的结构。前者在一张图纸上只有一个图块，而后者至少有三个图块。节点详图的自动标注是研究的重点，因为它涵盖了节点平面图自动标注的内容，如果节点详图的问题解决了，节点平面图自动标注也就解决了。因此，在后面的讨论中，节点图自动标注都是指节点详图的自动标注。

4. 施工图绘制模块

施工图绘制，包括楼层平面图，立面图，杆件详图，节点平面图，节点详图，支架详图，楼梯详图等。

2.4　钢结构设计软件模型节点图自动标注模块

2.4.1　标注的分类

标注是工程图系统中的一个重要环节，按照自动化程度的高低，可以将标注分为三个层次[14]。

（1）全自动标注：根据标注要求和相关的工程规则自动生成标注。考虑标注和被标注物体之间以及标注之间的碰撞问题，尽量减少人工修改的工作量。

（2）半自动标注：根据标注要求和相关的工程规则自动生成标注。不考虑标注和被标注物体之间以及标注之间的碰撞问题。

（3）手工标注：根据系统提供的标注工具，由用户选择标注的形式和位置进行标注。

手工标注研究如何减少输入，根据标注环境自动确定标注的形式和内容。半自动标注只是简单的确定标注的位置，很少考虑标注的碰撞问题。真正意义上的全自动标注必须处理好标注的碰撞问题，或者使用某种策略避免，减少标注的碰撞，它需要巧妙的程序设计方法和相当大的工作量。

2.4.2　标注与被标注对象的关系

在工程图中，标注是以标注点为桥梁与被标注对象发生联系的。在被标注对象中，通过标注点的 ID（能够唯一标志特定标注点对象的标注点属性）数组建立起被标注对象与标注点的指引关系；在标注点中，通过存放其所属对象的 ID 建立起标注点与被标注对象的指引关系。

图 2 – 2 表明了标注与被标注对象的关系。

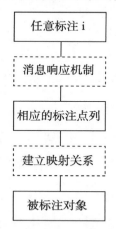

图 2 – 2 标注与被标注对象的关系

在标注中，存放与其相关的所有标注点 ID 数组，同时将标注的指针放入标注点的消息响应队列中，从而建立起标注与标注点之间的单向关系。

一个标注可以和多个标注点发生联系，这些标注点可以来自于不同的被标注对象。

一个标注点可以被多个标注所指引，这样可使标注点所属对象能够被多个标注所指引，以表达对象的多种属性。

标注与标注之间没有联系，不能相互干扰。

2.4.3 节点设计

节点图自动标注是节点设计的一部分，以下介绍节点设计概念。

1. 相关概念

节点（Joint）：逻辑上讲，节点是空间中两根以上的杆件，或杆件和设备等支撑物的交点；物理上讲，节点是由杆件和连接件组成的。

杆件（Staff）：杆件是在空间中具有一定长度的型钢。目前在国内，大致上有 36 种不同形状的型钢。

型钢：型钢是以它的横截面形状来标记的。一个型钢在世界坐标系中有不同的摆放方法，并且有平面、凹面之分。

杆件类型：杆件根据自己在空间中的位置分成柱、梁、撑三种，称为杆件类型。

主杆件（Major Staff）：相对概念。工程人员根据常识和经验将形成模型节点中的一根杆件称为主杆件。一般情况下，如果有柱则主杆件为柱，否则为梁（或主梁——有的不能通过现有规则判断得出，需要用户指定），其次为撑。

次杆件（Sub Staff）：组成节点的杆件中除去主杆件之外的杆件。

节点板：用来连接两个杆件的经过切割的钢板。根据实际需要，钢板的形状各异。

加筋肋：用来加强型钢的强度的经过切割钢板。加筋肋的形状是由型钢的形状决定的。

焊缝：一种连接构件的手段，包括对接焊缝和角焊缝。

螺栓：螺栓包括安装螺栓、高强螺栓和锚栓。

连接件：节点板、加筋肋、焊缝、螺栓统称为节点连接件。

连接方式：连接方式就是连接杆件的方式，如上盖板方式（在此杆件上加一块节点板，用它将两个杆件连接固定起来）等，大致上有56种连接方式。不同次杆件和主杆件的连接方式可以不同。

连接手段：连接手段就是杆件、连接板之间固定的方法，大致上有12种。比如现场焊接就是一种连接手段。一个节点采用同一种连接手段。

2. 节点图自动标注概述

节点图标注一般分为尺寸标注、焊缝符号（螺栓）标注、构件编号及材料型号标注三部分。标注的正确和美观与否直接影响到节点工程图的质量。在以往的设计过程中，标注工作要靠设计人员手工来完成，费时费力，非常繁琐。为了提高设计效率，要求提供节点图的自动标注功能。本文的工作就是利用设计过程中的各种数据，在完成节点设计的同时，将各种标注和图形数据一起提供给用户，并尽量使标注美观实用，符合规范。目前在国内外的相关软件中，节点图的自动标注功能尚属首创。

自动标注部分不生成独立的命令，当生成工程图纸或是在模型空间中进行节点预览时会自动调用此功能。该模块与其他相关模块的调用关系，如图2-3所示❶。

在实际使用时，用户可以通过修改系统参数来决定生成何种标注。在已有的自动标注中，由于不是采用图形自身轮廓作为图形区与标注区的界限，使标注空间不足以同时容纳焊缝和零件编号标注。因此，尺寸标注和型号标注位于同一张图纸上，其他标

---

❶ 中国科学院计算技术研究所（北京中科辅龙公司）中国石化扬子石油化工设计院，技术报告.

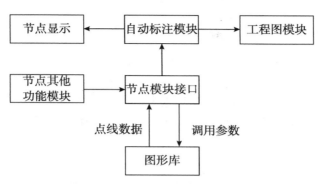

图 2 – 3　自动标注模块与其他模块关系

注放在后续图纸上，这种方法虽然解决了标注空间不足的问题，但是又不能满足把焊缝和零件编号标注标在同一张图上的需求。本文在前人提出的区域划分思想的基础上，提出了一种基于图形自身轮廓的区域划分方法，有效地利用了图纸空间，使尺寸标注、焊缝标注及型号标注可以同时标注在一张图上，既满足了工程上的需求，又使图纸满而不乱。其他具体规格，如线型、线宽、颜色、间距等与工程标准以及工程图模块的规定相一致，部分参数可以由用户进行交互修改。

3. 节点图自动标注主要内容

标注模块所包括的具体内容，如图 2 – 4 所示。

（1）尺寸标注

节点的尺寸标注是指各零件在水平和垂直两个方向的平面投影尺寸、零件间的相互关系尺寸、定位线以及定位轴线等关系尺寸。当有斜杆件时，还要包括相应的斜向尺寸。从类型上讲，尺寸标注包括分尺寸和总体尺寸两个方面。分尺寸线用来标记每个零件的几何尺寸，总尺寸线是每个标注区方向图形的跨度，即该标注区所有分尺寸线所标注的标注点中首末两个端点的距离的标注。

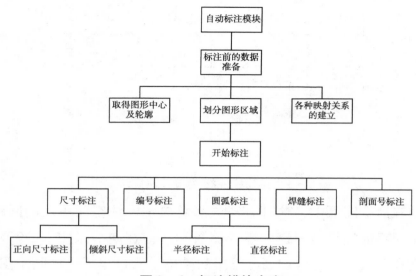

图 2－4 标注模块内容

各种参数规定如下：

所有标注尺寸均以毫米（mm）为单位；

尺寸线距离图形轮廓应大于或等于 8mm；

尺寸线基线标注增量为 8mm；

尺寸线，尺寸基线以细实线绘制；

尺寸起止符号用中粗斜短线绘制，长 2mm，倾斜方向与尺寸界线成顺时针 45 度；

标注数字距离基线 1mm。

如果尺寸线过于密集无法容纳标注数字时，最外侧尺寸可以写在尺寸界线外侧，中间尺寸可以错开注写。

（2）焊缝标注

由于焊缝描述所涵盖的内容较多，在实际图纸的绘制过程中，需要规定一系列符号进行标注，包括基本符号、辅助符号以及补充符号等。焊缝各种符号如下列表所示。

表 1　焊缝基本符号（焊缝尺寸符号均为 3×2mm）

序号	焊缝名称	示意图	符号	对应尺寸符号	标注方法及位置	绘图时尺寸
1	单面角焊缝		△	K	K	
2	双面角焊缝		△	K	K	
3	带钝边单型V型焊缝		Y	P, α, b	a b p	35°
4	带钝边V型焊缝		Y	P, α, b	a b p	55°
5	单边V型焊缝		Y	b, α	a b	35°
6	V型焊缝		V	b, α	a b	55°

续表

序号	焊缝名称	示意图	符号	对应尺寸符号	标注方法及位置	绘图时尺寸
7	塞焊缝或槽焊缝			无	无	
8	封底焊缝			无	无	
9	I型焊缝			b		
10	卷边焊缝			h		
11	带钝边U型焊缝			R		
12	带钝边J型焊缝			R		

表 2　焊缝辅助符号

序号	名称	符号	示　意　图	应用示例	备　注
1	平面符号	──			焊缝表面齐平（加工磨平）
2	凹面符号	⌣			焊缝表面凹陷
3	凸面符号	⌢			焊缝表面凸起

表 3　焊缝补充符号

序号	名称	符号	示　意　图	应用示例	备　注
1	带垫板符号	▭			
2	三面焊缝符号	⊔			
3	周围焊缝符号	⌒			
4	现场焊缝符号	▶			
5	尾部符号	＜			
6	相同符号	⌒			

续表

序号	名称	符 号	示　意　图	应用示例	备　注
7	熔透焊符号				
8	交错断续焊缝				
9	对接焊缝				

　　在生成标注时，本模块负责确定标注所处的位置，用到的符号以图形数据的形式由图形库生成返回。标注效果，如图 2 – 5 所示。

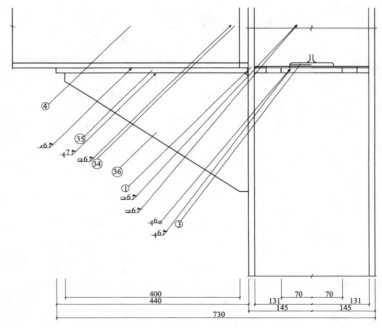

图 2 – 5　标注效果

4. 零件编号及型号标注

对于节点图中的所有可见零件（不包括用虚线绘制的零件），均需要标注其编号以及型号。其中编号从 1 开始，首先是杆件，之后依次是连接件（板、螺栓、加筋肋）和焊缝。所有的编号在同一套节点图中是唯一的。型号标识由一个有特殊类别符号以及说明字符串组成，比如"I20"表示"20 工字钢"。由于型号标注占空间较多，如果标在图上会显得很乱，影响整个图纸的布局效果。经过与工程人员的探讨及对大量相关节点图纸的比较，发现将型号标注置于图纸旁侧的材料表中，是完全符合工程需求的。因此，在图上只标出零件编号，而型号在材料表中列出。零件编号一般采用属性气泡标注，其形式如图 2-5 所示。

图 2-6 是一个材料表示意图。

材料表

序号	构件代号	零件编号	规格	长度 (mm)	数量	重量 (kg) 单重	共重	总重	备注
		①	I 300a	12000.0	1	1505.69	1505.69	1907.48	Q235
		②	I 20a	2991.50	1	118.643	118.643		Q235
		③	I 20a	2991.50	1	118.643	118.643		Q235
		④	I 20a	2710.00	1	107.479	107.479		Q235
		㉒	-230×12	262.000	1	5.66200	5.66200		Q235
		㉓	∟ 63×6	140.000	1	1.13790	1.13790		Q235

图 2-6　材料表

其他如圆弧标注和剖面号标注基本沿用了以前的做法，不在本文的讨论之中。

以上是节点详图自动标注的主要内容，以下简要介绍节点图自动标注的主要任务。

（3）节点图自动标注主要任务

节点图自动标注模块数据来源是另一模块——图形库模块，所有的图形信息都由图形库模块传递过来，本模块的主要任务就是处理这些图形数据，设计并生成自动标注数据，然后把这些数据传递给工程图模块，由其绘出各种标注图形。

2.5 钢结构软件模型开发环境

为了减少开发底层几何造型模块的工作量，充分利用现有技术，建议运用国际上先进的面向对象的 CAD 开发平台——AutoCAD 和 Object ARX 软件。

2.5.1 AutoCAD（Auto Computer Aided Design）

作为钢结构软件的开发平台，AutoCAD（Auto Computer Aided Design）是美国 Autodesk 公司首次于 1982 年生产的自动计算机辅助设计软件，用于二维绘图、详细绘制、设计文档和基本三维设计。现已经成为国际上广为流行的绘图工具。具有良好的用户界面，通过交互菜单或命令行方式便可以进行各种操作。它的多文档设计环境，让非计算机专业人员也能很快地学会使用。在不断实践的过程中更好地掌握它的各种应用和开发技巧，从而不断提高工作效率。AutoCAD 具有广泛的适应性，可以在各种操作系统支持的微型计算机和工作站上运行。

AutoCAD 主要特点如下：

（1）具有完善的图形绘制功能

（2）强大的图形编辑功能

（3）可以采用多种方式进行二次开发或用户定制

（4）可以进行多种图形格式的转换，具有较强的数据交换能力

（5）支持多种硬件设备

（6）支持多种操作平台

（7）具有通用性、易用性，适用于各类用户

此外，从 AutoCAD 2000 开始，该系统又增添了许多强大的功能，如 AutoCAD 设计中心（ADC）、多文档设计环境（MDE）、Internet 驱动、新的对象捕捉功能、增强的标注功能以及局部打开和局部加载的功能。

AutoCAD 主要功能包括：

（1）平面绘图

能以多种方式创建直线、圆、椭圆、多边形、样条曲线等基本图形对象。绘图辅助工具。AutoCAD 提供正交、对象捕捉、极轴追踪、捕捉追踪等绘图辅助工具。正交功能使用户可以很方便地绘制水平、竖直直线，对象捕捉可帮助拾取几何对象上的特殊点，而追踪功能使画斜线及沿不同方向定位点变得更加容易。

（2）编辑图形

AutoCAD 具有强大的编辑功能，可以移动、复制、旋转、阵列、拉伸、延长、修剪、缩放对象等。

可以标注尺寸，创建多种类型尺寸，标注外观可以自行设定。可以书写文字，能轻易在图形的任何位置、沿任何方向书写文字，可设定文字字体、倾斜角度及宽度缩放比例等属性。具有图层管理功能，图形对象都位于某一图层上，可设定图层颜色、线型、线宽等特性。

（3）三位绘图

可创建 3D 实体及表面模型，能对实体本身进行编辑。

（4）网络功能

可将图形在网络上发布，或是通过网络访问 AutoCAD 资源。

（5）数据交换

AutoCAD 提供了多种图形图像数据交换格式及相应命令。

（6）二次开发

AutoCAD 允许用户定制菜单和工具栏，并能利用内嵌语言Auto lisp、Visual Lisp、VBA、ADS、ARX 等进行二次开发❶❷。

2.5.2 ObjectARX

ObjectARX 是 AutoDesk 公司针对 AutoCAD 平台上的二次开发而推出的一个开发软件包，它提供了以 C ++ 为基础的面向对

---

❶ 郭强. AutoCAD 2012 从入门到精通. 北京：清华大学出版社，2012，09.
❷ 丁金滨. AutoCAD 2012 完全学习手册. 北京：清华大学出版社. 2012.07.

象的开发环境及应用程序接口，能真正快速的访问 AutoCAD 图形数据库。与以往的 AutoCAD 二次开发工具 AutoLISP 和 ADS 不同，ObjectARX 应用程序是一个 DLL（动态链接库），共享 AutoCAD 的地址空间，对 AutoCAD 进行直接函数调用。所以，使用 ARX 编程的函数的执行速度得以提高。ARX 类库采用了标准的 C＋＋类库的封装形式，这也大大提高了程序员编程的可靠度和效率。

目前最新的版本是 ObjectARX 2010。它是应用软件与 Internet 的接口。通过支持 XML，为开发网络协作应用提供了有力的支持。

运用 ObjectARX 进行二次开发，需要首先设置好开发环境。目前常用的开发环境是 Microsoft Visual C＋＋ 6.0、Microsoft visual studio 2005、Microsoft visual studio 2008。同时，还需要安装 ObjectARX SDK，ObjectARX SDK 可以在 AutoDesk 公司的网站上免费下载。不同的 AutoCAD 版本对应相应的 ObjectARX SDK 的版本，目前常用的是 ObjectARX SDK for AutoCADR14 和 ObjectARX SDK for AutoCAD2000i。安装好 VC＋＋ 和 ObjectARX 后，就可以开始设置开发环境了。

ObjectARX 编程环境为编程人员提供了以对象为导向的 C＋＋、C#和 VB．NET 应用编程接口，支持其使用、定制和扩展 AutoCAD 软件和基于 AutoCAD 的产品，如 AutoCAD Architecture、AutoCAD Mechanical 和 AutoCAD Land Desktop 软件。

ObjectARX 库中提供了丰富的工具，能够帮助应用开发商充分利用 AutoCAD 软件的开放式体系结构，并支持他们直接访问 AutoCAD 数据库结构、图形系统和本地命令定义。进行消息响应，实现对象间的消息传递。面向对象的 CAD 系统是以对象为核心，对象之间的通信是通过消息的发送和接收实现的。称消息发送的对象为通知对象，接收消息的对象为响应对象. 当系统中一个事件发生时，通知对象就自动将该消息传给其他对象。消息响应是可以存储的，当图形文件再次调入系统中时，对象之间的消息响应关系仍然存在。

ObjectARX 能进行非图形数据的存储，对于一个工程，不仅具有图形表示的专业对象，而且还有大量的工程数据（非图形数据）。AutoCAD 专门有一个字典用于存储非图形数据，字典就是一个将一个字符串与一个对象相对应的映射，该字符串称为关键字。一个字典中的关键字必须唯一，字典中的对象可以是任意类型的非图形对象，由于字典本身也是一个非图形对象，所以字典中可以再包含字典，从而形成嵌套。

ObjectARX 可以进行对象扩充。基于面向对象技术的 CAD 开发平台的最大一个优点就是其可扩充性。通过从已有类派生出新类，既可以继承已有类的功能，又可以加入特有的数据和方法。利用面向对象技术的优点在于：从已有的类派生的类自己管理自己的数据，并负责对其存储和读取；对于图形对象还要定义自身如何显示。专业应用软件从已有的 ObjectARX 类派生出具有工程属性的专业对象，从而构建整个模型。

提供通用几何库。为了支持几何图形的数据表示，提供了单独的通用几何类库。通用几何类提供了简单线性代数类以及二维、三维几何元素类（见图 1）。这些类提供了几何体的通用表示，是纯数学类，主要供各模块中的对象使用，来表示系统中的几何元素。

　　总之，ObjectARX 可以帮助开发速度更快、效率更高、集成程度更高的应用。支持高端用户定制 AutoCAD 软件，可以让 CAD 设计师从重复性工作中解脱出来。使用 ObjectARX 开发出的应用占用空间更小、制图效率更高、互操作性更强，是很好的设计软件解决方案。

2.6　本章小结

　　本章提出一种钢结构设计软件模型，介绍模型特点和模型主要功能模块。标注概念及分类，标注与被标注对象关系，重点介绍节点图自动标注相关概念，包括节点设计相关概念，节点图自动标注概念和节点图自动标注主要任务。最后介绍了软件开发环境 AutoCAD 和 ObjectARX 的功能及特点。

第三章 一种新的区域划分方法

3.1 尺寸自动标注中的关键技术和难点

3.1.1 尺寸自动标注概述

尺寸标注是工程图的重要组成部分，同时也是钢结构软件模型中节点图设计模块的重要内容。主要作用是精确地描述标注对象的结构特征、形状特征和精度特征，后续详细设计和施工提供依据。没有标注尺寸的节点图是不完整的。因此，尺寸自动标注功能是节点设计的重要组成部分。尺寸自动标注一般比较难实现，原因在于尺寸和一般图形元素不同，有着很多特殊性。

（1）尺寸包含着丰富的工程语义

图纸中标注对象的许多性质，如对称性、同构体、标准结构等，都通过尺寸显式或者隐式的方法加以描述。这些特性必须在整体识别标注对象的基础上才能判定，而特征识别本来就是一个难题。

（2）标注方案的多样性

对每一个节点图来说，它的标注方案不是唯一的，可能存在多种标注方案，但是最佳方案只能有一两种，并且方案的选择在很大程度上取决于加工工艺，如何选择最佳标注方案是尺寸自动标注的一个重要课题。

（3）尺寸标注位置的多样性

同一个尺寸在节点图可能有很多位置可以标注，并且都正确清晰。为了布局更合理，突出重点，需要选择最佳的标注点。

（4）尺寸表达和尺寸约束不一致性

尺寸是用来约束三维实体的，约束空间的面与面、线与面、线与线、线与点等位置，具有三维约束特性。但是尺寸的表达却是属于二维的投影图，形式上是约束二维的点、线的位置，这样两者之间就存在着维数上的不一致，这也是三维参数化的难点所在。

（5）尺寸约束的隐含性

节点图中经常会出现截交线、相贯线等几何图素，这些几何图素一般不需要通过单独的尺寸来约束，往往是通过其他尺寸对它们进行隐含约束。我们称这些尺寸为隐含约束尺寸。

（6）公差和配合的不确定性

零件的装配面之间由于存在着装配关系，需要有尺寸公差。不同零件之间的装配要求是不一致的，所要求的尺寸公差也必然不同❶。

---

❶ 苏文涛. 液压集成块二维工程图自动生成研究及其实现. 大连：大连理工大学，2005.12

由于上述原因，很多专家学者在尺寸自动标注方面做了大量的有意义的研究。

Hillyard 等人描述了一种判定给定的零件尺寸标注方案是否合理的尺寸与公差分析方法❶。

Yuen 等人提出一种基于 CSG 模型的零件工作图尺寸自动标注方法，但因缺乏对标注尺寸间相互关系的统一考虑及尺寸精度的验算方法，还未能实际应用❷。

美国 Kansas 大学的 DovDori 在 1990 年就提出了自动合理标注机械工程图样尺寸的图论与语法基础，为尺寸自动标注研究提供基本理论依据❸。他把自动标注问题分为逻辑判断部分和空间布置部分，其中逻辑判断部分与选择合理的尺寸有关，空间布置部分与尺寸的位置及尺寸间的干涉有关。通过对尺寸自动标注理论的研究，提出了几何特征尺寸标注中的"隐式约定"，即在零件结构中满足一定关系的几何特征间可以不进行显式尺寸标注。同时他提出了验证尺寸标注方案的两条基本准则，解决了尺寸标注合理性的检验问题。DovDori 的研究成果为后来者的研究工作提供了理论基础，以后不断有一些新的内容补充。

❶　Hillyard R. C., Braid I. C., Analysi S of dimension mechanical design, Computer – Aided Design, 1978, i0 (3) 1.

❷　Yuen M. F., Tan S. T., Yu K M. Scheme for automatic dimensioning of CSG defiaed parts, Computer – Aided Design, 1988, 2 (5).

❸　DOV Dori, Amir Pnueli The grammar of dimension in machine drawings Computer vision, Grapcs and image Processin942, 1988.

Suzuki 在 1990 年提出了一种基于产品模型的尺寸标注方法❶。他介绍了一种实体模型的尺寸描述框架，这种模型有一个以尺寸为参数的形状描述函数，把尺寸看做是几何面的约束，并且在 WFP（Well Formed Formula in list – order predicate）模型中描述。这种模型有助于表达和管理贯穿于产品设计及制造全过程的信息。

1992 年，N. P. Juster 在 CSG 和 B – Rep 混合模型的基础上建立了尺寸公差模型"，主要通过一定语法结构来描述尺寸公差❷。

同年，浙江大学的陆国栋等在基于知识表达的参数化尺寸标注机理研究与实现一文中，通过建立了一个知识库，将设计者在进行尺寸标注时用到的各种知识存储在计算机内❸。标注知识在尺寸分类的基础上实现，分析所有尺寸标注类型，通过建立一系列规则来覆盖所有的常见类型尺寸标注，可以通过理解规则自动判断尺寸标注类型。

申闫春，刘方鑫等在 1999 年提出了基于模式匹配参数化尺寸标注方法❹"。该方法借助于 AutoCAD 的尺寸标注功能及其存储格式，预先建立事实库、约束库和模式库，将国家机械制图标准所规定的尺寸标注模式与其匹配。

❶ Suznki H., Ando H., Kimura F., Geomedrik consdraints and reasoning for geometrical CAD system, Computer&Graphics, 1990, 14 (2).

❷ N P Juster, Modelling and representation of dimension and tolerant：a survey, Computer Aided Design, V01. 24, No 1. 1992.

❸ 陆国栋，吴中奇，黄长林. 基于知识表达的参数化尺寸标注机理研究与实现. 计算机学报, 1996 (4)：19 – 20.

❹ 申闫春，刘方鑫，刘厚泉，范力军. 基于模式匹配的参数化尺寸标注机理研究, 计算机辅助设计与图形学学报 , No. 1 2000.

在尺寸自动标注中，如何避免出现尺寸冗余也是相当重要的。这方面刘灿涛、汪叔淳提出了一种尺寸封闭性检验的算法——有向图邻接矩阵判断法❶。该方法利用图论，将尺寸链对应成三个有向图，通过检查有向图邻接矩阵中的各元素，判断两点是否存在多条路径，从而判断零件图尺寸是否缺少或冗余。该方法有别于传统的尺寸封闭性检验算法，具有比较高的效率。

另一种方法是浙江大学的张树有提出的基于空间基坐标的尺寸可标注性判别方法❷，通过建立多视投影平面，使不同视图上的点得到不同方向的坐标。然后将各视图的实际结点归一化到逻辑三坐标，逻辑三坐标与视图数无关。将逻辑三坐标映射成有向图的结点，尺寸变为有向图的路径，有向图的走向按逻辑三坐标的序号从低到高，将判别尺寸冗余性转化为求解有向图中两个结点之间的路径数目问题。

浙江大学的石亮在 2001 年提出了一种基于模式匹配的尺寸自动标注方法❸。该方法预先建立了包含 10 种基本体的特征库和此 10 种基本体两两组合的模式库，然后对组成零件的各相邻基本体进行模式识别，与模式库中的已有模式进行匹配，得到每种模式的尺寸标注方案，再按照尺寸标注的要求进行冗余检查和布局调整，得到零件的标注方案。

---

❶　刘灿涛，汪叔淳. 尺寸封闭性检验的新算法. 计算机辅助设计与图形学学报，1997（5）：5 - 6.

❷　张树有，彭群生. 基于空间基坐标的尺寸可标注性判别研究. 计算机学报，2000（9）：23 - 25.

❸　石亮. 基于模式匹配的尺寸自动标注及在 MDT 上的实现 [D]. 浙江：浙江大学，2000.

这些研究成果从多种不同的角度探讨实现尺寸自动标注的方法，或从理论上有所突破，或在实际中针对某些特殊应用场合提出了解决办法，对于提高尺寸标注效率，减少手工交互输入，向着尺寸自动标注方向靠近具有重要的意义。

3.1.2　碰撞问题

　　碰撞问题即各种图形元素之间的干涉问题，包括标注体与图形元素及标注体之间的相互干涉。当手工标注时，可以很直观的在图中找到一空白区域放置标注；当没有空间时，我们会调整其他标注，"挤"出一块空间来。可见手工标注时，我们可以充分利用人的智慧，在标注过程中减少碰撞，建立自己认为美观的布局。而当把这一工程交给计算机来做时，就比较复杂了。首先无法为布局是否合理，美观建立一种衡量标准或者构造一个数学函数；其次，手工标注时各种标注的放置顺序是随意的，而自动标注中，必需定义各种标注的放置顺序和如何寻找标注的位置。假设要在 la 处标注 a，可是 la 已经被标注 b 所占据，于是移动 b 来满足 a，递推地又需要移动 c，d 等。在最坏的情况下，将无法为 a 找到一个合适的位置，整个系统将处于一种颠簸状态，会因资源耗尽而崩溃；又假设为 a 找到了空白区域，可 a 的引出线又与标注 b 中的某一部分相交，发生了碰撞，于是又需要移动 b，于是颠簸现象又可能会出现。可见，碰撞问题是相当复杂的。它需要巧妙的程序设计方法和很大的工作量❶。

---

　　❶　田景成，刘晓平，唐卫清，刘慎权. 钢结构中节点图的自动标注算法，计算机辅助设计与图形学学报，Vol11，No3，1999，5.

3.1.3 图纸布局问题

布局问题作为公认的 NP – 完全（NP – complete）难度问题已经被研究多年，下面详细介绍布局问题。

布局问题可以归结为组合优化问题，因而对状态空间的搜索效率就成为了所有布局算法研究的重点。尽管在理论上还无法找到可以接受的多项式时间解法，但是对解空间的适当限制可以大大减小算法的复杂度。比如，如果一个标注体只需要考虑两个候选的标注位置，那么就可以很容易地找到一个多项式时间解法[❶]。

Udy 利用序列二次规划和广义简约梯度法来解小型的三维布局问题[❷]。

Kim 和 Gossard 通过惩罚因子将布局约束转化为目标函数惩罚项，然后用无约束优化方法来求解[❸]。

大连理工大学路全胜等在 1996 年提出了一种基于 B – Rep 表示的机械零件工程图的智能化尺寸标注方法[❶]。该方法详细分析了零件的几何特征对尺寸标注的影响，采用了基于人工神经网络识别的思想提取特征和基于尺寸链技术的思想，优化确定尺寸标注方案，同时采用了基于范例推理（CBR）的方法进行零件尺寸

❶ Christensen J, Marks J, Shieber S. An empirical study of algorithms for point – feature label placement. ACM Transaction on Graphics，1995，14（3）：203 – 232.

❷ J L Udy. Computational of interference between three – dimensional objects and the optimal packing problem. Advance in Engineering Software. 1988，10（1）：8 – 14.

❸ J J Kim, D C Gossard. Reasoning on the location of components for assembly packaging. Journal of Mechanical Design. 1991，113（4）：402 – 407.

❶ 路全胜，冯辛安，张应中. 面向尺寸标注的多面体机械零件基本结构分析. 大连理工大学学报，1995（6）：35.

标注的自动布局，建立了零件特征尺寸标注模型。但其末对推理方法作进一步的说明。

下面对几种典型的算法做简要介绍。

1. 局部搜索方法

对于布局问题，可以对整个状态空间在满足约束条件的前提下进行遍历搜索（Exhaustive Search）来寻找最优解。比如，对每一个标注体，对其可能的标注位置都分别进行试探，直到为所有的标注体都找到了合适的位置，从而形成一个最优解为止。显然，在这种方法中，如何避免无限回溯，即在有限的资源和时间限制下，进行对状态空间的局部搜索，从而在标注质量和算法的时间复杂度之间寻找平衡是算法的关键❶。

贪心算法是避免过度回溯的有效方法之一。指在对问题求解时，总是做出在当前看来是最好的选择。也就是说，不从整体最优上加以考虑，所做出的仅是在某种意义上的局部最优解。贪心算法不是对所有问题都能得到整体最优解，但对范围相当广泛的许多问题他能产生整体最优解或者是整体最优解的近似解。

贪心算法是一种对某些求最优解问题的更简单、更迅速的设计技术。用贪心法设计算法的特点是一步一步地进行，常以当前情况为基础，根据某个优化测度作最优选择，而不考虑各种可能的整体情况，它省去了为找最优解要穷尽所有可能而必须耗费的

———

❶ 刘颖斌. 钢结构节点详图自动标注的研究与实现［D］. 北京：中国科学院研究生院（计算技术研究所），2000.

大量时间，它采用自顶向下，以迭代的方法做出相继的贪心选择，每做一次贪心选择就将所求问题简化为一个规模更小的子问题，通过每一步贪心选择，可得到问题的一个最优解，虽然每一步上都要保证能获得局部最优解，但由此产生的全局解有时不一定是最优的，所以贪心法不要回溯。

贪心算法是一种改进了的分级处理方法。其核心是根据题意选取一种量度标准。然后将多个输入排成这种量度标准所要求的顺序，按这种顺序一次输入一个量。如果这个输入和当前已构成在这种量度意义下的部分最佳解加在一起不能产生一个可行解，则不把此输入加到这部分解中。这种能够得到某种量度意义下最优解的分级处理方法即贪心算法。

对于一个给定的问题，往往可能有好几种量度标准。初看起来，这些量度标准似乎都是可取的，但实际上，用其中的大多数量度标准作贪心处理所得到该量度意义下的最优解并不是问题的最优解，而是次优解。因此，选择能产生问题最优解的最优量度标准是使用贪心算法的核心。

一般情况下，要选出最优量度标准并不是一件容易的事，但对某问题能选择出最优量度标准后，用贪心算法求解则特别有效。最优解可以通过一系列局部最优的选择即贪心选择来达到，根据当前状态做出在当前看来是最好的选择，即局部最优解选择，然后再去解出这个选择后产生的相应的子问题。每做一次贪心选择就将所求问题简化为一个规模更小的子问题，最终可得到问题的一个整体最优解。关键在于选择一种合理的度量标准，比如评价函数。需要指出的是，将评价函数作为度量标准所得到的解不一定是最优解。由于减少了回溯，最终的标注质量可能会受到一定的影响❶。

贪心算法可解决的问题通常大部分都有如下的特性。

（1）有一个以最优方式来解决的问题。为了构造问题的解决方案，有一个候选的对象的集合：比如不同面值的硬币。

（2）随着算法的进行，将积累起其他两个集合：一个包含已经被考虑过并被选出的候选对象，另一个包含已经被考虑过但被丢弃的候选对象。

（3）有一个函数来检查一个候选对象的集合是否提供了问题的解答。该函数不考虑此时的解决方法是否最优。

（4）还有一个函数检查是否一个候选对象的集合是可行的，即是否可能往该集合上添加更多的候选对象以获得一个解。和上一个函数一样，此时不考虑解决方法的最优性。

（5）选择函数可以指出哪一个剩余的候选对象最有希望构成问题的解。

（6）最后，目标函数给出解的值。

为了解决问题，需要寻找一个构成解的候选对象集合，它可以优化目标函数，贪心算法一步一步地进行。起初，算法选出的候选对象的集合为空。接下来的每一步中，根据选择函数，算法从剩余候选对象中选出最有希望构成解的对象。如果集合中加上

---

❶ 刘颖斌. 钢结构节点详图自动标注的研究与实现［D］. 中国科学院研究生院（计算技术研究所），2000.

该对象后不可行，那么该对象就被丢弃并不再考虑；否则就加到集合里。每一次都扩充集合，并检查该集合是否构成解。如果贪心算法正确工作，那么找到的第一个解通常是最优的。

应用梯度下降方法可以很好地改进贪心算法所生成的标注结果。梯度下降法是一个一阶最优化算法，通常也称为最速下降法。梯度下降法基于如下观察：如果实值函数 $F(x)$ 在点 a 处可微且有定义，那么函数 $F(x)$ 在 a 点沿着梯度相反的方向 $-\nabla F(a)$ 下降最快。因而，如果

$$b = a - \gamma \nabla F(a)$$

对于 $\gamma > 0$ 为一个够小数值时成立，那么 $F(a) \geqslant F(b)$。

考虑到这一点，我们可以从函数 F 的局部极小值的初始估计 x_0 出发，并考虑如下序列 $x_0, x_1, x_2, \cdots$ 使得

$$x_{n+1} = x_n - \gamma_n \nabla F(x_n), \qquad n \geqslant 0$$

因此可得到

$$F(x_0) \geqslant F(x_1) \geqslant F(x_2) \geqslant \cdots$$

如果顺利的话序列 (x_n) 收敛到期望的极值。注意每次迭代步长 γ 可以改变。

图 3-1 示例了这一过程，这里假设 F 定义在平面上，并且函数图像是一个碗形。蓝色的曲线是等高线（水平集），即函数 F 为常数的集合构成的曲线。红色的箭头指向该点梯度的反方向。（一点处的梯度方向与通过该点的等高线垂直）。沿着梯度下降方向，将最终到达碗底，即函数 F 值最小的点❶。

---

❶ 维基百科，最速下降法，http：//zh.wikipedia.org/wiki/最速下降法.

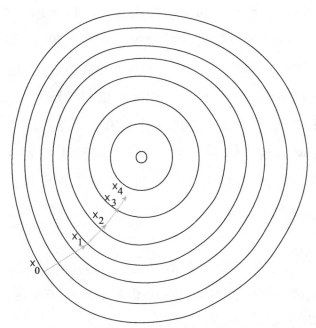

图 3 – 1　梯度下降法

在尺寸自动标注中通过梯度下降方法定义了同时移动一个或者多个标注体的操作。所选择的每一步操作都是当前操作中所产生的直接效果最好的操作。从评价函数的角度来看，就是沿着它的梯度方向选择要执行的操作。

上述方法的共同缺点就是算法可能会陷入局部最小（Local Minima）的陷阱中，无法找到全局的最优解。在这种情况下，算法每一次都会选择直接收益最大的步骤，却会抛弃那些最终导致全局最优解，而此时看来并不是直接最优的步骤。为了解决局部最小问题，有人提出了其他的解决方法❶。

---

❶　DOV Dori，Amir Pnueli The grammar Of dimension in machine drawings Computer vision，Grapcs and image Processin942，1988.

2. 模拟退火算法

模拟退火算法（Simulated Annealing，SA）是一种新的统计优化算法，其基本思想是用物质系统的退火过程来模拟优化问题的寻优过程，当物质系统达到最小能量状态时，优化问题的目标函数也相应地达到全局最优值。

模拟退火算法的主要特征之一就是能以一定的概率接收目标函数值不太好的状态，即算法不但可以朝好的方向走。也可以朝差的方向走，这样一来，算法即使落入局部最优的陷阱中，经过足够长的时间也可以跳出来从而收敛到全局最优解。在实际应用中，通常不一定要找寻最优解，而只是求一个满意的近似最优解即可。

由于一般的组合优化问题与物质的退火过程具有很大的相似性，因此模拟退火算法可以用来解决组合优化问题。该方法首先要选择一个初始状态，并计算该状态的评价函数值；然后移动到一个新的状态，如果该状态改进了评价函数值，则将其作为当前状态；否则，该状态是否继续保持要依靠概率函数来判定。

$$Paccept \ = \ \exp\left(-\frac{\Delta c}{T}\right)$$

其中：

Δc 表示目标函数状态变化值；T 表示当前的温度。

在物质退火过程中，退火降温是缓慢进行的，否则可能使物质"冻结"于亚温态而形不成最低能量状态的晶格。但在算法中，每步降温值也不能太小，太小会使时间过长；太大也不行，会得不到较好解。因此，每步降温值不能随意取得，根据实例和经验，update（Tk）=085~0.99。温度初值很高，随时间而下降。开始时，对状态空间的搜索几乎是随机的，这就导致了目标函数空间的扩大。随着温度的下降，接受较差移动的概率减小，对目标函数没有改进的搜索逐渐被抛弃，使得算法最终收敛于一个全局最优解。

模拟退火算法新解的产生和接受可分为如下四个步骤：

由一个产生函数从当前解产生一个位于解空间的新解；为便于后续的计算和接受，减少算法耗时，通常选择由当前新解经过简单地变换即可产生新解的方法，如对构成新解的全部或部分元素进行置换、互换等，注意到产生新解的变换方法决定了当前新解的邻域结构，因而对冷却进度表的选取有一定的影响。

计算与新解所对应的目标函数差。因为目标函数差仅由变换部分产生，所以目标函数差的计算最好按增量计算。事实表明，对大多数应用而言，这是计算目标函数差的最快方法。

判断新解是否被接受，判断的依据是一个接受准则，最常用的接受准则是 Metropolis 准则：若 $\Delta t' < 0$ 则接受 S′作为新的当前解 S，否则以概率 $\exp（-\Delta t'/T）$ 接受 S′作为新的当前解 S。

当新解被确定接受时，用新解代替当前解，这只需将当前解中对应于产生新解时的变换部分予以实现，同时修正目标函数值即可。此时，当前解实现了一次迭代。可在此基础上开始下一轮试验。而当新解被判定为舍弃时，则在原当前解的基础上继续下

---

❶ 王金敏，马丰宁，刘黎. 模拟退火算法在布局求解中的应用 [J]. 机械设计，2000，(2).

一轮试验。

　　清华大学袁波针对工程图中大量存在的水平尺寸和竖直尺寸，提出了模拟退火算法来找最佳尺寸布局❶，开辟了求解组合优化问题的一条十分有效的途径。通过 SA 算法获得最佳（或近似最佳）的子集划分方案。这种方法需假设已存在一个符和设计、制造及测量等工程要求的尺寸模型，并且它减少了尺寸从三维向二维投影的过程，在处理尺寸布局方面，也忽略了在三视图中普遍存在的直径、半径尺寸、斜度尺寸、角度尺寸等。

　　模拟退火算法是解决所有布局问题的一种基本思想。在具体的工程实践中，要根据具体情况进行改进或创新，才能满足要求。

3.2　区域划分思想及原有节点图自动标注规则

　　为了更好地解决尺寸自动标注中的碰撞以及布局问题，在参考资料❷中提出了区域划分思想。区域划分就是根据已有的标注规则和需要标注的内容，针对一个节点平面图或节点详图的一个图块，将其划分为构件区和标注区。在构件区内，不允许出现任何尺寸标注、焊缝标注和构件编号标注。它把标注区又分为主标注区，次标注区和辅助标注区，其划分规则如下。

　　1. 标注的放置顺序：尺寸标注、材料型号标注、焊缝符号标注。

　　❶　袁波，黄刚. 一种尺寸布局算法 ［J］. 清华大学学报，2000，（1）：40－41.
　　❷　路全胜，冯辛安，张应中. 面向尺寸标注的多面体机械零件基本结构分析 ［J］. 大连理工大学学报，1995，（6）：35.

2. 标注区域被使用的优先级：主、次、辅助标注区。

放置标注时采用如下策略：

首先，先入为主。当标注 a 与前面的标注发生碰撞时，将重新为 a 寻找标注位置。

其次，最大填充。尽量填满优先级高的标注区。

其标注规则如下：

1. 标注存在于图形元素之外的空间。

2. 各种标注互不相交，各种标注的引出线互不相交。

3. 尺寸标注主要集中于水平和垂直两个方向。

4. 标注尽量贴近所要标注的事物。

5. 材料型号标注主要在平面图上出现❶。

图 3-2 表示根据以上规则设计的区域划分方式。

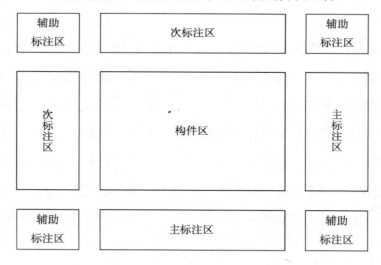

图 3-2　区域划分方式

---

❶ 路全胜，冯辛安，张应中. 面向尺寸标注的多面体机械零件基本结构分析 [J]. 大连理工大学学报，1995，(6)：35.

根据以上区域划分方法及标注规则实现的一个节点图块如图
3 - 3 和图 3 - 4 所示。

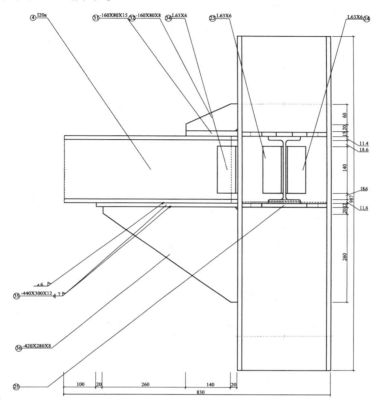

图 3 - 3 节点图块标注 1

图中，尺寸标注用红色线标在下和右标注区，零件编号和型
号标注用黄色引线标出，焊缝用红色引线标出。根据上面的区域
划分方法实现的尺寸自动标注，具有布局比较美观，在一定程度
上解决了碰撞问题等许多优点，但在充分认识并继承其优点的同
时，这里主要说明为什么要对其进行改进。

在一个软件的生命周期中，在不同的阶段，对软件的需求会

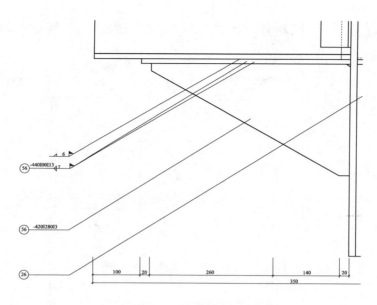

图 3 – 4　节点图块标注 2

有相应的改变，它需要根据用户的需求不断的改进和完善，本文讨论的改变也是因此产生的。在该软件开发的初期，开发者最主要的目标是能够把零件的各种尺寸清楚地表达出来，并且实现了这一目标。但是，在后续的需求分析中，通过同工程人员的多次讨论，以及查阅各种图集和资料，对标注的需求有了新的认定，因此就需要对原有标注方式进行改进。下面详细介绍需要改进之处。

首先，在图纸布局方面，原有的区域划分方式对图纸空间利用得不够充分，在浪费了大量的图纸空间（矩形构件区内除了构件所占区域之外的大量空白区）的同时，为了解决标注空间不足和碰撞问题，把尺寸标注归于右标注区和下标注区，构件编号标注归于上标注区和左标注区，这种规定使在上和左标注区的被标注对象的尺寸标注，也被标注在下和右标注区，违背了就近标注的原则。

其次，这种布局方法使焊缝标注不能与尺寸标注在同一张图上，通过对大量工程图的研究和总结，发现焊缝标注与尺寸标注是应该标注在同一张图上；同时标注布局不均匀，有时候容易发生碰撞，如图 3–2 所示；而且，由于找不到合适的标注位置，一些应该标注的焊缝并未标注在图纸上，可以与图 3–5（同一节点所出的节点详图）进行比较。

另外，尺寸标注中，所有分尺寸线排成一行，没有区分出每个零件的分尺寸，只是把所有的标注点依次相连，这种标注方式也是不符合当前用户对软件的需求。

因此，经过对软件需求的重新分析，并通过对大量节点图的研究，本文提出了一种新的区域划分方法，并且在前人工作的基础上，重新完成了节点图的自动标注。

3.3 新的自动标注规则的提出

3.3.1 节点图形轮廓特点的重要发现

一直以来，人们希望以图形自身轮廓为界限来进行区域划分，因为这样不仅可以充分利用图纸空间，同时也能够良好地解决布局和碰撞问题。但是，钢结构节点详图同普通的工程图不同，它是非常复杂的，它的复杂性在于：一个节点通常至少有两根以上的杆件，最多情况下有一柱四梁八撑共十三根杆件，再加上与之相对应的节点板、加筋肋等连接件和连接手段，使其图形变得十分复杂，如图3-5所示就是一个比较复杂的节点平面图。

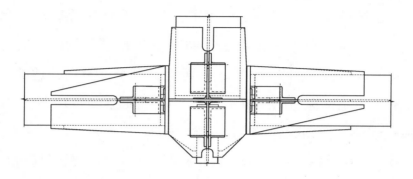

图3-5　复杂节点平面图

对于一个初次接触钢结构节点方面知识的人来说，节点详图看上去是纷乱复杂，无规律可循的。因此，要想找到图形的特点并不容易。但是，要想实现节点详图的自动标注，进行合理的区域划分，就必须从纷乱中找出规律，挖掘出节点详图轮廓特点。

最初，开发人员使用图形的最小矩形包围盒代替图形自身的轮廓，正如上面介绍的区域划分，我们已看到它的不足之处，因此就要寻找新的轮廓替代图形轮廓或者直接利用节点图自身的轮廓。

当前已知条件是图形的几何信息，包括构成每个零件的点线及圆弧结构。那么如何根据已有的图形信息找到图形轮廓呢？通过查阅并研究一些相关资料，比如在参考资料［30］中，作者提出了一种获取图形轮廓信息的方法——测点法。其基本原理是在图形外轮廓的外侧或内轮廓的内侧附近取一圆，该圆与轮廓边相切，圆心称为侧点。然后侧点沿着相切的轮廓边跟踪，当达到多路径分支点时，判断往那一路径跟踪的条件是侧点所对应的圆不能与图形轮廓线相交。当侧点运动一周，标志已构成封闭的环，至此结束。对于剖面轮廓，它不同于图形外轮廓，可能还会有多个内环，因此会有相应的处理方法，与本章讨论的内容不相关，就不再介绍了。

上述测点法是一个很好的寻找图形轮廓的方法，但是实现它的首要条件是找出所有可作轮廓的直线段和圆弧，这也正是本章待解决的问题，在图形库传来的大量图形数据中以什么标准挑出这些直线段和圆弧，是应该首先解决的问题。

尽管查阅大量资料并进行深入的思考和研究试图解决这个问题，但并没有找到合适的方案，然而在解决问题过程中，通过对大量节点详图的仔细观察和研究，却启发了另一个解决问题的思路。也可以说是水到渠成，发现图形是有内在规律可循的，那就是图形的轮廓完全可以由组成该节点的柱和梁的外轮廓上的点近似地确定下来。因为在节点图中，主要是由柱、梁、撑和板组成，而柱和梁都是截断杆件，它们决定了图形的横向和纵向跨度，把柱和梁的外轮廓点找到，就基本确定了节点图的近似外轮廓。用这个轮廓代替图形的矩形包围盒，可以节省很大的图纸空间，使图纸利用率大大提高。这个发现，使用图形自身轮廓来进行区域划分成为可能，而这个划分也正是本文的创新点之一，正因为有了这个划分，才使以后的标注工作得到良好的实现，使碰撞和布局问题得到了良好的解决。这个发现如同高楼的基石，是节点详图自动标注的基础，如果没有它，后面的工作也无法令人满意，下面具体介绍这种区域划分方式。

3.3.2 新的尺寸自动标注规则

区域划分需要依据一定的规则进行，否则就失去了意义。而这些规则也即自动标注需求的一部分，通过和工程人员进行数次探讨，并查阅大量相关的图纸和资料，同时参考前人总结的规则，在保留前人总结的若干规则基础上，修改或增加了以下标注规则。

（1）对于材料型号和编号的标注，由于标注空间的限制，在图上只标出材料编号，型号根据编号可从材料表中查到。

（2）截断杆的轴向尺寸不必标注，即不必标注截断处的轴向尺寸。

（3）各种标注依据尽量靠近被标注对象的原则。

（4）相邻编号标注或焊缝标注错开一段距离，以避免发生干涉。

（5）杆件的分尺寸标注以图形轴线为基准，一端为杆件端点，另一端在主轴线上；板如果关于轴线对称，则其分尺寸标注方法同杆件，否则以其自身的一端为基准进行分尺寸标注。

3.4 一种新的区域划分方法的提出

根据以上规则以及节点详图图形轮廓特点，进行区域划分如

图 3 - 6 所示。

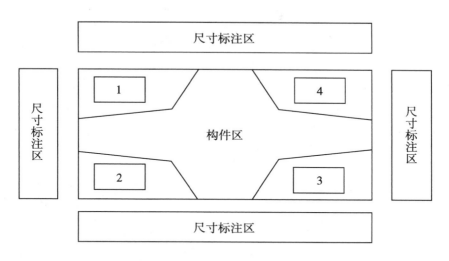

图 3 - 6

图中，1、2、3、4 所示区域为零件编号及焊缝标注区域，上下左右四个尺寸标注区分别为水平尺寸和竖直尺寸标注区。该区域划分规则是根据节点图的特点，以各个杆件（包括柱和梁）远离节点图中心（指各杆件轴线的交点）一侧的端点作为顶点构造多边形作为构件区的轮廓，使构件区的轮廓非常贴近图形的真实轮廓，这样就留出大量的空间给标注区，使图纸空间得到充分利用。以这种方案为基础的自动标注，不仅能够满足工程上的要求，很好地解决了标注的布局和碰撞问题，而且更加有效地利用了图纸空间。

图 3 - 7、图 3 - 8、图 3 - 9、图 3 - 10 是根据以上区域划分思路实现的一张节点图的一个图块的整体视图和部分放大视图。

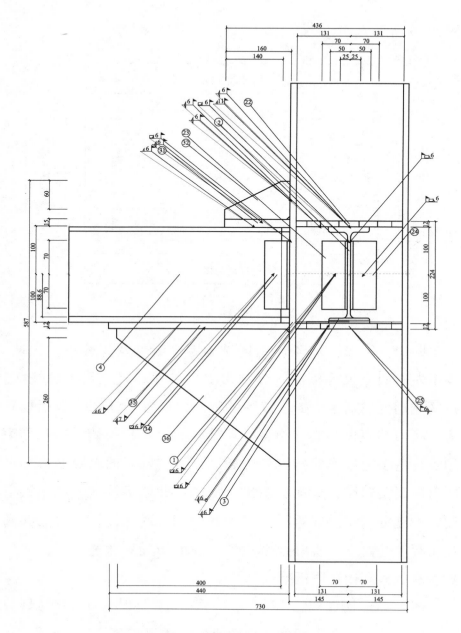

图 3-7   节点图自动标注效果 1

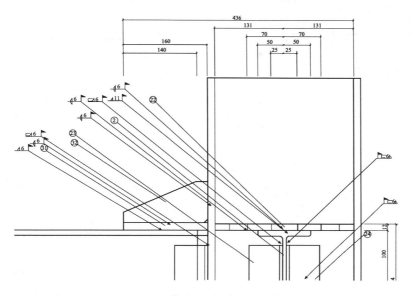

图 3-8　节点图自动标注效果 2

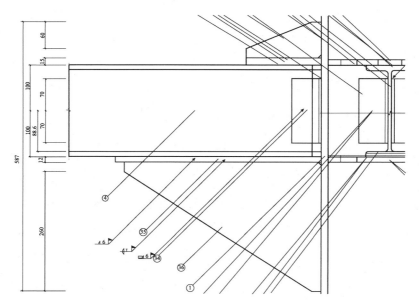

图 3-9　节点图自动标注效果 3

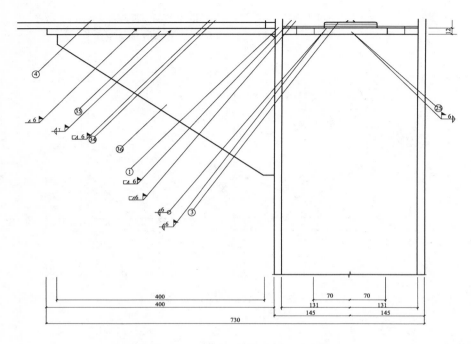

图 3 – 10　节点图自动标注效果 4

由上面几幅图可以看到，经过这种区域划分，比较充分地利用了图纸空间，良好地解决了标注空间不足和碰撞问题，尺寸标注可以标注在上、下、左、右四个标注区，而不必只局限于下和右标注区；构件编号标注也可以就近标注，而不必归于上标注区和左标注区。这种标注方式使标注体可以更加靠近被标注对象，各标注体在图上分布比较均匀，达到了良好的布局效果；同时，由于充分利用了图纸空间，碰撞现象也大大减少，而且焊缝也可以与尺寸及编号标注同时标注在图纸上了；另外，尺寸标注中，以每个零件为单位进行分尺寸标注，明确了每个零件的分尺寸。

因此，基于这种划分方式的自动标注，有效地解决了尺寸自动标注中的两个难点。下面两章将详细介绍在自动标注过程中是如何解决这两个难点的。

3.5 本章小结

本章首先介绍节点图尺寸自动标注的特点，引出自动标注的关键技术，提出在自动标注中的两个难点：碰撞问题和图纸布局问题。提出解决布局问题的贪心算法和模拟退火算法，并介绍了一些相关已有的解决方法。提出解决碰撞问题和布局问题的新的尺寸自动标注规则，新的区域划分方法。

第四章　尺寸自动标注的生成

4.1　尺寸自动标注总流程

在尺寸自动标注之前，首先需要进行标注之前的数据准备，其中包括建立各种数据间的映射关系，找到图形中心，找到绘图区及各种标注区和找出图形之间的包含关系。

然后，再确认是否进行尺寸标注，如果选择是，则进行尺寸标注；如果选择否，那么判断是否进行构件编号标注。继续如果选择是，则进行构件编号标注；如果选择否，那么判断是否进行焊缝标注。再继续如果选择是，则进行焊缝标注；否则结束流程。

图4-1是尺寸自动标注总流程图。

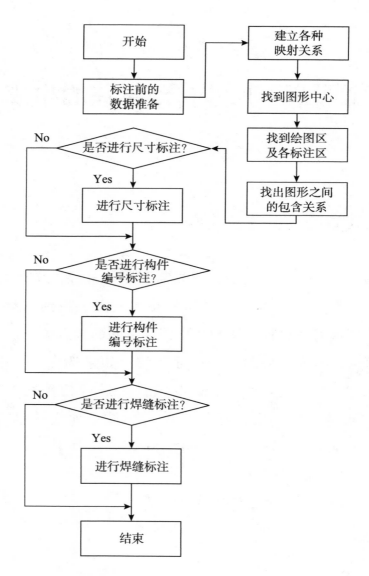

图 4-1　尺寸自动标注总流程

4.2 尺寸自动标注前的数据准备

4.2.1 模块的数据来源及数据结构

节点图自动标注模块所需的图形数据来源于图形库，与其他模块的调用关系如图4-2所示❶。

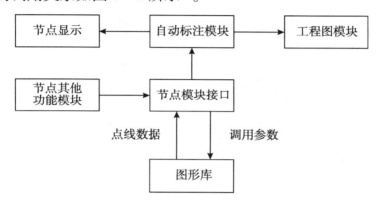

图4-2 节点图自动标注模块与其他模块关系

节点模块接口结构调用图形库数据取得要进行标注的节点图图形数据，然后通过被自动标注模块调用把数据传递给自动标注模块，自动标注模块生成标注数据后，再被工程图模块调用进行绘制工作。

节点图图形数据接口结构的层次关系如图4-3所示❷。其中

---

❶ 中国科学院计算技术研究所（北京中科辅龙公司）中国石化扬子石油化工设计院技术报告.

❷ 中国科学院计算技术研究所（北京中科辅龙公司）中国石化扬子石油化工设计院技术报告.

杆类零件链表、板类零件链表、螺栓类零件链表、螺母类零件链表、焊缝类零件链表及剖面号链表中的数据来自图形库，存储在节点详图图块结构中。

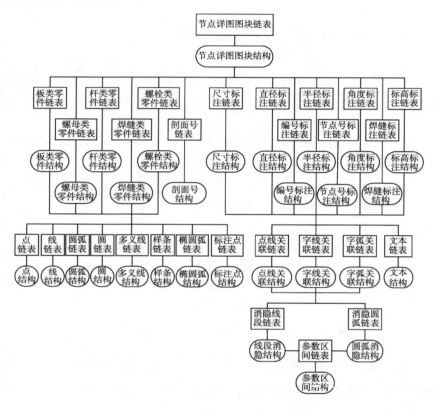

图4-3 节点图图形数据接口结构

尺寸标注链表、直径标注链表、半径标注链表、角度标注链表、标高标注链表、编号标注链表、焊缝标注链表和节点索引号标注链表中的数据在自动标注过程中得到。

得到上述标注数据也就是节点详图自动标注模块的最终目标，数据得到后也存储到节点详图图块结构中，然后将该详图图块对象传送至工程图模块生成图纸标注。

另外，上面提到的各种零件链表中，其每一链表元素结构是相同的，都属于零件图形结构对象，零件图形结构定义如下。

Typedef struct _ glsReturn {

//线链表

CTypedPtrList < CPtrList，GlsLine * > lstLine；

//多义线链表

CTypedPtrList < CPtrList，GlsPline * > lstPline；

CTypedPtrList < CPtrList，GlsSpline * > lstSpline；

//点链表

CTypedPtrList < CPtrList，GlsPoint * > lstPoint；

//圆弧链表

CTypedPtrList < CPtrList，GlsArc * > lstArc；

//椭圆弧链表

CTypedPtrList < CPtrList，GlsArc1 * > lstArc1；

//圆结构链表

CTypedPtrList < CPtrList，GlsCir * > lstCir；

CTypedPtrList < CPtrList，GlsEllipse * > lstEarc；

//文本结构链表

CTypedPtrList < CPtrList，GlsText * > lstText；

//中心线链表

CTypedPtrList < CPtrList，GlsLine * > lstCenter；

//形心线链表

```
CTypedPtrList < CPtrList, GlsLine * > lstCentroid;
//标注点在图纸空间的坐标
CTypedPtrList < CPtrList, GlsPoint * >    lstMark;
//标注点在模型空间的坐标
CTypedPtrList < CPtrList, GlsPoint * >    lstModelMark;
int    nCode; //调用结果标记，0 - 失败、1 - 成功，其他
代表失败原因
int    nId; //构件编号，与构件输入参数中的一致
} GlsReturn;
```

其中包括点链表、线链表、多义线链表、样条链表、圆弧链表、椭圆弧链表、圆结构链表和文本结构链表等描述零件图形的几何特征的链表结构。

中心线和形心线链表包含了零件图形的中心线数据和形心线数据。

图纸空间坐标指经过比例变换后得到的在图纸空间坐标系下的点坐标，模型空间坐标指点在三维模型中的坐标。

零件图形结构在节点图自动标注模块中非常重要，因为自动标注要处理的零件图形数据都存储在这个结构中，在后续的工作中，如取得节点图形中心、建立各种映射关系、生成各个标注等，几乎每个重要步骤中都会用到这个结构。

零件图形结构的一个对象即表示一个零件图形，而自动标注是针对每个零件图形进行的，因此这个结构在自动标注这一模块用得非常普遍。

4.2.2　标注前的数据准备

由图 4-1 尺寸自动标注总流程图可以看到，在进行所有标注前首先要做数据准备工作，为后面的标注过程提供必要的数据基础。

1. 建立数据的映射关系

首先建立每一个标注点在图纸空间的位置和与之相对应的标注点接口结构的映射关系，标注点接口结构包括三个属性：标注点的编号、标注点在图纸空间的位置和它在模型空间的位置。

其定义如下：

Typedef　struct _ PdsDftLablePoint {

　　int　m_ nNo；//标注点编号

　　GlsPoint　　m_ pntMdl；//标注点在模型中的位置

　　GlsPoint　　m_ pntDft；//标注点当前在图纸空间中的位置

} PdsDftLblPnt；

这一关系的建立，便于在后面生成尺寸标注时通过标注点找到对应的标注点编号，存储到传给工程图的数据结构中，以供工程图模块绘制时使用。

其次建立标注点与其索引结构的关系，标注点索引结构包括标注点所在的零件的编号以及该标注点在它所属零件内的编号。

其定义如下：

```
Typedef struct _ PdsDimPntIdx
{
    int    nIdxReturn；
    int    nIdxPoint；
} PdsDimPntIdx；
```

建立这一关系是为了在后面生成尺寸线时，根据标注点找到其所属零件编号并存储到尺寸线结构中，以便在后面依据零件编号及其他因素重新安排尺寸线的位置时用到。

2. 取得图形中心

取得图形中心是生成各种标注的基础，在后续工作中，是判断零件的位置以及标注点位置的参考点，在取得图形轮廓时也要用到。这里的图形中心是指节点平面图（剖面图）上各杆件轴线的交点。获取该点时，首先从可见杆件结构链表中取得杆件中心线，然后由中心线的交点计算得到图形的中心。

3. 取得图形区各零件包围盒、尺寸标注区及图形轮廓

检查构成一个零件的所有点、线以及圆弧，取得该零件的矩形包围盒，即包含该零件所有部分的最小矩形，并建立零件与其包围盒的对应关系。这在判断零件在图上的位置以及各个零件的包含关系时会用到。

在寻找零件矩形包围盒的同时，记载图形的上、下、左、右

四个边界点，从而确定整个图形的矩形包围盒，根据整个图形的矩形包围盒以及各尺寸标注区与它的距离，再确定各尺寸标注区的边界，后面的尺寸标注最内层就在这些边界上。

图形轮廓顶点在后面的尺寸标注、编号标注以及焊缝标注中都要用到。

取图形轮廓顶点时，主杆件上的点除中心点外都要取，次杆件上的点取远离中心一侧截断处的两个端点。取这两个端点时，首先要判断次杆件相对于图形中心的位置，如果在中心的上侧或下侧，则对次杆件上的标注点按照 x 坐标从大到小进行排序，然后取最大和最小两个点；如果在中心的左侧或右侧，则对次杆件上的标注点按照 y 坐标从大到小进行排序，然后取最大和最小两个点。

所有的点取完后，还要除去在其他杆件内部的点，其算法是判断取得的点是否落在某个杆件的矩形包围盒内，如果没有，则作为图形轮廓点存储，否则放弃。

最后，根据这些点与中心点的相对位置，分为左上、左下、右下和右上四种方位，分别存储到标志这四种方位的链表中，并对每个链表中的点进行排序，使其按照相对于中心的逆时针方向排列。

获取图形轮廓顶点算法流程如图 4-4 所示。

第一步，定义一个杆件类型 pos 指针指向杆件链表首位置。

第二步，判断 pos 是否指向一个实际杆件，即杆件链表中当前链表元素是否为空，如果不为空，取当前 pos 所指杆件，然后

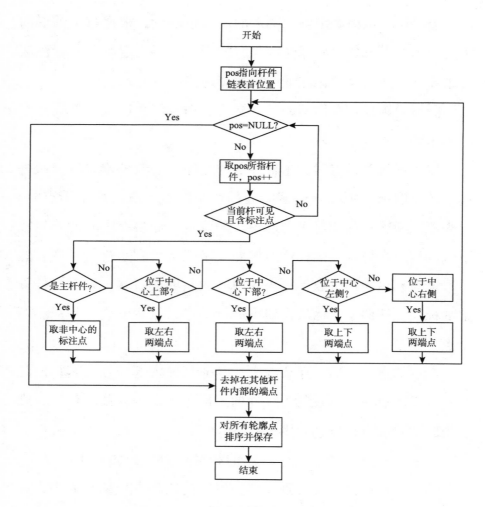

图4-4 获取图形轮廓顶点算法

pos 指针加一，指向链表下一个元素。

第三步，判断当前杆件是否可见且包含标注点，如果不是，则判断 pos 是否为空，返回第二步。

第四步，如果当前杆件可见且包含标注点，则继续判断当前杆件的位置，是主杆件，还是位于中心的上、下、左、右侧，如果是主杆件，则取非中心的标注点。

如果位置在中心上部，则取杆件左、右两个端点；

如果位置在中心下部，则取杆件左、右两个端点；

如果位置在中心左侧，则取杆件上、下两个端点；

如果位置在中心右侧，则取杆件上、下两个端点。

每次取完端点后，返回到第二步，判断 pos 所指元素是否为空。

第五步，如果 pos 的值为空，即链表中 pos 所指当前元素为空，表示所有杆件端点都已经获取完毕，则去掉在其他杆件内部的端点，然后对所有轮廓点排序并保存。

4. 取得图形之间的包含关系

各零件图形之间经常互相覆盖或包含，在标注之前要把这种关系找出来，以便在后面寻找编号标注和焊缝标注的引出线起点时，检查是否发生多义性时用到。

数据准备就绪，下面就可以开始生成自动标注的尺寸了。

4.3　尺寸自动标注的算法流程

自动标注的算法流程总体思想就是从标注点生成尺寸线，然后对尺寸线进行布局，最后再生成其余需要传给工程图的数据。

图 4-5 是尺寸自动标注的算法流程。

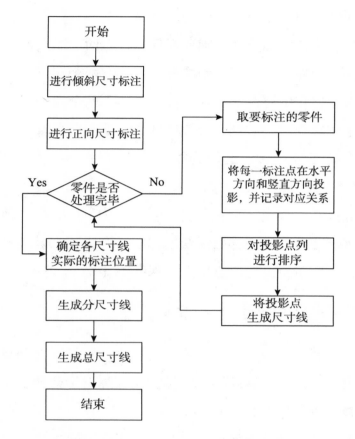

图 4 – 5　尺寸自动标注算法流程

下面详细介绍其中的主要算法和技巧。

4.3.1　由投影点列生成尺寸线

　　首先根据零件图形中心所在的位置确定该零件上的标注点的投影区，规则如表 4 – 1 所示。

表4-1　标注点投影区规则

零件位置 \ 投影区	上标注区	下标注区	左标注区	右标注区
左上	√		√	
左、左下		√	√	
上、右上	√			√
中心	√	√	√	√
其他		√	√	

表4-1中，上、下、左、右四个标注区，即第三章区域划分中提到的四个尺寸标注区，如图4-6所示。

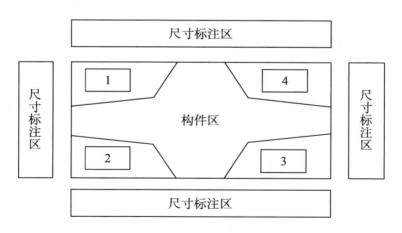

图4-6　尺寸标注区划分

规定其内侧边界距离相应的图形矩形包围盒边界为35毫米。零件位置是指零件的矩形包围盒与图形中心的相对位置，共分上、下、左、右、左上、左下、右上、右下及中心九个位置。当零件位于图形中心时，要根据中心距各标注区边界的远近来决定，所以在四个标注区都有可能。

确定了投影区后，将各标注点投影到所属标注区内侧的边界上，这个边界也是尺寸标注的最内层，即第一层。同时，建立投影点与标注点的映射关系。

然后对四个标注区的点列分别排序，根据尺寸标注的走向，上、下标注区内按照 x 坐标从小到大排列，左、右标注区内按照 y 坐标从小到大排列。

接着由这些投影点生成投影尺寸线，即由这些分散的点生成尺寸线的起点和终点。尺寸线的生成原则如下：当一个零件图形的中心位于节点图轴线上时，它的各尺寸线的一个端点是节点图中心的投影，另一个端点是标注点投影，即此时的尺寸标注是以节点图中心为参考点；当零件图形中心不在节点图轴线上时，主要指板类零件，此时各尺寸线的一个端点是板的左端点或右端点投影，另一端点为标注点投影，即以板的一个端点为参考点。尺寸线结构定义如下：

```
typedefstruct_ PdsDimLine
{
    GlsPoint *   dPt1；//尺寸线起点
    GlsPoint *   dPt2；//尺寸线终点
    Int   layer；//尺寸线所在的层
    Int   partNo；//尺寸线所标注零件编号
    Int   isProcessed；//如果该尺寸线已经定位，则设值为
```

1；否则为 0

｝PdsDimLine；

其中，整型变量 layer 是尺寸线所在的层，这里的"层"是指尺寸线标注的层次，最内层为第一层，以后依次增加。在后面对尺寸线重新布局确定其最终位置的算法中会用到。

另外，定义了尺寸线的起点、尺寸线的终点、尺寸线所标注的零件编号和尺寸线是否定位标记。

4.3.2　尺寸线的布局

尺寸线的布局，即确定尺寸线的最终标注位置，在这里是将上一节所述的尺寸线重新排列，使其位置不相互重叠并符合工程规则。

首先将各标注区的尺寸线按照其长度从小到大排序。

接着将不同零件产生的尺寸线投影中相同者做 isProcessed 标记。

然后进行尺寸线的布局，在此，参考了参考文献❶［40］提出的方法，并结合节点图自动标注的实际条件，应用的布局算法流程如图 4 - 7 所示。

---

❶ 袁波，黄钢，孙家广. 一种尺寸自动布局算法［J］. 清华大学学报，2000，(1).

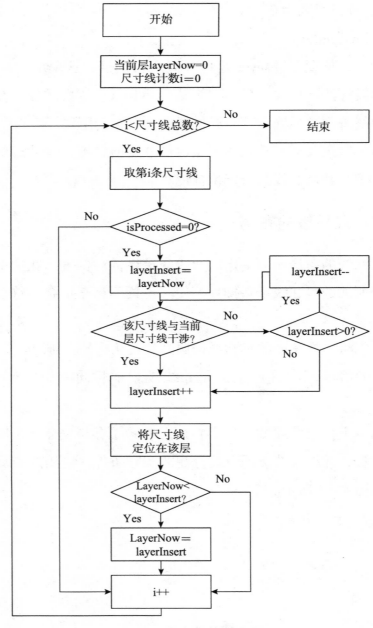

图 4-7 布局算法流程

布局算法思想如下。

（1）初始化当前层为第 0 层，即令 layerNow 初值为 0，并令标记尺寸线投影序号的整数 i = 0。

（2）当 i 小于尺寸线总数时，取第 i 条尺寸线投影，检测 isProcessed 标记，如果其值不为 0，表示该尺寸线已经定位，是不同零件所产生的相同尺寸线，则执行步骤六；否则，令尺寸线插入层 layerInsert = layerNow。

（3）判断该尺寸线与当前层尺寸线是否发生干涉，如果该尺寸线投影与插入层尺寸线投影发生干涉，则执行第四个步骤；否则，判断执行第五个步骤。

（4）layerInsert + = 1，layerInsert 值自增 1，将该尺寸线投影设在 layerInsert 层，如果 layerNow 小于 layerInsert，则将 layerInsert 值赋给 layerNow，然后转到第六步骤；否则，直接转到第六步骤。

（5）如果该尺寸线投影与插入层尺寸线投影不发生干涉，当插入层 layerInsert > 0 时，则 layerInsert = layerInsert − 1，即 layerInsert 自减 1，然后再执行第三步骤；否则，转到第四步骤。

（6）i = i + 1，如果 i 小于尺寸线投影总数，则转到第二步骤；否则结束流程。

上述算法中关于干涉情况的判断包括两个方面：一方面是尺寸线之间的重叠状况的判断，即不允许发生尺寸线的重叠情况。另一方面为了保证同一零件上的相对称尺寸标注在同一层的对称位置上，避免交错标注。

上述布局算法良好地解决了尺寸碰撞问题，并使标注结果符合工程需求。

　　尺寸布局完成以后，判断图形的对称性，如果左、右对称，则只在右标注区生成标注；如果上、下对称，则只在下标注区生成标注。

　　另外，还要建立最后确定的尺寸线端点与其在第一层的尺寸线投影端点之间的映射关系。

4.3.3　生成分尺寸线

　　首先，取得规定好的各项参数，包括

m_ dIncreGap = 8.0；//相邻标注基线的间距

m_ dTextGap = 1.0；//标注文字与基线的距离

m_ dBaseExt = 2.5；//标注引线超出基线的延伸量

m_ dOffset = 8.0；//标注引线距离标注点的偏移量

m_ nSizeColor = 50；//尺寸标注颜色值

其中各名词所指如图 4 - 8 所示。

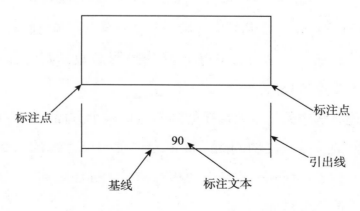

图 4 - 8　分尺寸线

然后，创建一个尺寸标注接口结构对象。把该结构对象内的变量和链表的值添加完，就完成了一个分尺寸自动标注。

　　尺寸标注接口结构定义如下：

　　typedefstruct_ PdsDftLblDimen ｛

　　intm_ nLabelDir；//标注方向：水平、垂直、倾斜

　　PdsDftPntLinePtrListm_ lstPntLine；//点、线关联结构指针链表

　　PdsDftTextLinePtrListm_ lstTextLine；//字、线关联结构指针链表

　　intm_ nColor；//标注颜色值

　　｝ PdsDftLblDimen；

　　其中，点、线关联结构中的点、线分别指标注点和引出线，其定义如下：

　　typedefstruct_ PdsDftPntLine ｛

　　intm_ nLblPntNo；//标注点编号

　　PdsDftLineHidem_ Line；//引出线

　　｝ PdsDftPntLine；

　　字线关联结构中字、线分别指标注文本和标注基线，其定义如下：

　　typedefstruct_ PdsDftTextLine ｛

　　GlsTextm_ Text；//标注文本

　　PdsDftLineHidem_ Line；//标注基线

　　｝ PdsDftTextLine；

下面的任务是填写各个属性值。标注颜色在本节开始已经取得，直接加入；标注方向是由参数传过来的，指水平、竖直还是倾斜方向。

接着填写字、线关联结构，基线的起止点已经得到，即尺寸线的起止点，直接加入；标注文本是两标注点的实际距离，首先，根据当前尺寸线的投影点找到相应的在尺寸标注第一层的投影，然后，再由第一层投影点找到实际的标注点。这两个映射关系已经分别在 4.3.1 节和 4.3.2 节中建立，计算出首末端点距离数值，即标注文本。标注文本的位置在基线的中点。

最后，将这个添好数据的尺寸标注接口结构对象加入传给工程图的链表中，就完成了一个分尺寸线的生成工作。

接着，再循环生成其余的分尺寸线。

至此，分尺寸线构造完毕。

4.3.4 生成总尺寸线

总尺寸线的概念在 2.4.3 节中已经介绍过，就是图形在某一个方向的最大跨度的标注，标注在所有分尺寸线之外，是尺寸标注的最外层。下面介绍某一标注区总尺寸线的生成方法，当然，前提是该标注区存在分尺寸标注，否则，就不存在总尺寸线标注。

首先，分别取得总尺寸线两个端点所在的分尺寸线，其获取方法就是查找该标注区的每一分尺寸线的首端点，比较后记下最左（上、下标注区）或最下（左、右标注区）的点所在的分尺寸线，即为首端点所在的分尺寸线，同理取得另一分尺寸线。

然后，取得总尺寸线所在的层，比较所有尺寸线所在的层，找出其中最大者，加1就是总尺寸线所在层。

后面的生成方法与分尺寸线类似。

至此，总尺寸线构造完毕。

4.4 本章小结

本章主要介绍了尺寸自动标注的生成，首先介绍尺寸自动标注前的数据准备，包括自动标注模块数据来源及数据结构，建立数据的映射关系，取得图形中心，取得图形区各零件包围盒、各尺寸标注区及图形轮廓，取得图形之间的包含关系。然后介绍了尺寸自动标注的算法流程，包括由投影点列生成尺寸线，尺寸线的布局，生成分尺寸线和生成总尺寸线的方法。其中，重点是尺寸自动标注的算法和尺寸线布局的算法。

第五章 零件编号和焊缝自动标注的生成

5.1 零件编号自动标注的生成

5.1.1 零件编号自动标注流程

零件编号自动标注流程如图5-1所示。

下面来详细介绍零件编号标注的生成过程：首先判断是否同时进行焊缝标注，如果是，则退出，继续执行焊缝标注；否则，取得定义点。

定义点获取之后，首先对左上标注区进行处理。

首先，判断左上标注区定义点数组是否为空。如果为空，结束对左上标注区的处理；如果不为空，对定义点数组按照一定规则进行排序，具体排序规则在下一小节进行详细描述。

然后，定义临时变量 i、j，并分别赋初值为零。做循环，循环条件是判断 i 是否小于定义点数组长度，如果判断结果为否定，即如果 i 不小于定义点数组长度，结束循环，转到结束对左上标

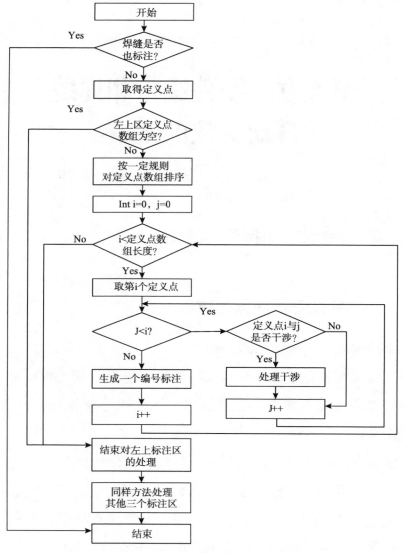

图 5-1 零件编号自动标注流程

注区的处理步骤。

如果 i 小于定义点数组长度，取出第 i 个定义点，再做循环；判断 j 是否小于 i，如果 j 小于 i，再判断定义点 i 与 j 是否干涉；如果干涉则进行处理，然后 j 自加 1，否则 j 直接自加 1；再循环判断 j 是否小于 i，直到 j 不小于 i 为止。

　　如果 j 不小于 i，生成一个编号标注；然后 i 自加 1，再判断循环条件 i 是否小于定义点数组长度。

　　结束对左上标注区的处理后，用同样方法处理其他三个标注区。

5.1.2　定义点的拾取

　　零件编号的标注形式如图 5 – 2 所示。

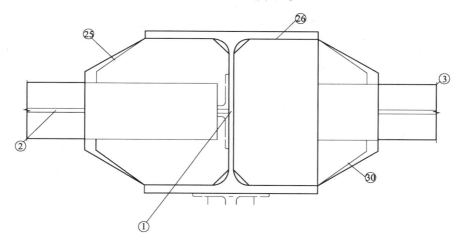

图 5 – 2　零件编号的标注形式

　　编号标注的标注风格采取属性气泡形式。标注引出线在四个标注区的倾斜角度分别为：右上标注区为 45 度，左上标注区为 135 度，左下标注区为 225 度，右下标注区为 315 度。所有角度都是相对于 x 轴，按逆时针方向计算的。编号标注引出线的起点，即位于零件图形上的点称为定义点，定义点结构定义如下。

```
typedef struct _ PdsDimAttrInfo
{
        GlsPoint pnt;      //定义点，引出线的起点
        Int      nType;    //零件的类型、杆件、节点板或其他
        Int      nIdx;     //具体在相应的链表中的数据
        int      sort;     //标注种类，构件编号标注为 0，焊缝标
注为 1
} PdsDimAttr;
```

　　另一端的圆圈称为属性气泡，气泡里面是零件的编号。零件编号规则是从 1 开始，首先是主杆件，然后是其他杆件。板和其他零件编号从 21 开始，在零件编号标注之前，首先要找到定义点，定义点拾取时主要考虑三个因素：一是要保证该点在零件图形上；二要保证不发生歧义；三要考虑位置是否适当，会不会引起干涉现象的产生。上面三种情况如图 5-3 中的①、②、③所示。

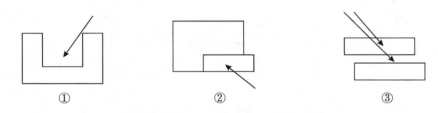

图 5-3　定义点拾取时三种情况

　　①中箭头所指点落在图形之外；②中箭头所指点同时属于两个图形；③中箭头所指点在标注时，会使末端的气泡发生重叠。

　　手工标注时可以很容易地在图形上找到定义点，但是在自动标注中，由计算机按照一定的规则来找，就比不上手工标注的那种灵

活性。而且上面提到的三个因素中，只要后面的因素不满足，就得重新考虑前面的因素；而一旦这个点满足了，还要重新考虑前面确定的那些点是否发生变化，这样就很容易陷入一种无限循环中，找不到最优解，造成时间的浪费和效率的降低。因此，处理好这三个因素在零件编号标注中是非常关键的。下面将详细介绍如何处理。

1. 拾取定义点流程

图 5－4 是针对一个零件图形的定义点拾取过程。

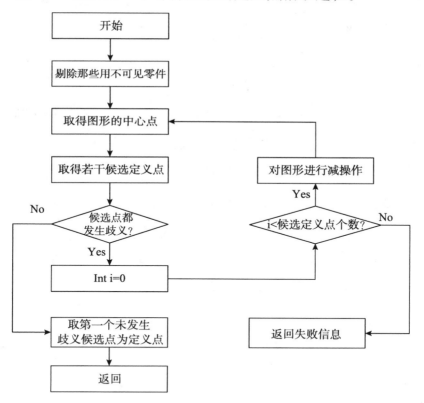

图 5－4　零件图形的定义点拾取过程

2. 拾取定义点算法

由上面的流程图可知，首先要剔除那些用虚线绘制的零件，即不可见零件。由于数据是从图形库传来的，包括节点图上用虚线绘制的被遮挡的不可见零件和用实线绘制的可见零件。不可见零件的编号是不必标注的，因此，在依次取得图上各个零件的图形数据时，首先要根据其矩形包围盒的属性，即指向包围盒的指针是否为空或包围盒线型是否小于 0.01 或包围盒矩形高度是否小于 0.01，来判断零件是否可见，如果不可见，则取下一个零件，否则，继续下一步。

接着取得当前零件图形的中心点，作为初始定义点。然后取得候选定义点，算法原理如下：过初始定义点依次分别向 x 轴正向、负向、y 轴正向和负向做射线，在每个方向上，记录射线与零件图形的交点，当有两个交点时，就停止，检查这两个交点的平均值是否在图形内部，如果是，则作为一个候选定义点记录下来；如果只有一个交点，则将此点作为一个候选定义点，同时返回交点的个数，然后进行下一个方向的判断。四个方向都判断完后，判断先前的初始定义点，即零件矩形包围盒的中心是否在图形上（排除环形区域的可能），如果在，也作为一个候选定义点保存起来。

然后检查这些候选定义点，看是否会和其他图形发生歧义。检查方法如下：依次检测各个候选定义点是否落在该零件图形的子零件图形区域内，如果不是，则将该候选定义点作为最终取得的定义点返回；否则，检查下一个，如果所有的候选定义点都发生了歧义，则需要对零件图形进行减操作，缩小零件图形区域范围，其算法原理如下。

取一个候选定义点，针对这个候选点进行区域减操作，方法如下：取一个子图形，如果该子图形不可见或当前候选定义点没有落在子图形区域内，则取下一个子图形；否则，检查子图形对零件图形的分割情况，首先检查 x 方向，记录被分割后剩余较大的一侧所占零件图形 x 方向总尺寸的比例，比如左侧；再检查 y 方向，同样记录被分割后剩余较大的一侧所占零件图形 y 方向总尺寸的比例，比如下侧。然后比较这两侧哪一个比例值大一些，相应的重新设定零件图形的一个边界，即如果左侧比例大于下侧，则把子图形的左边界设为零件图形的右边界，如图 5 – 5 所示。阴影部分即为裁剪后的零件图形区。然后，按照上面所述方法重新确定定义点。如果能找到定义点，则返回；否则，继续选取下一个候选定义点进行上述的区域减操作。

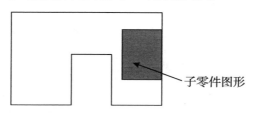

子零件图形

图 5 – 5　设定零件图形边界

如果所有的检测均失败，则返回失败信息。如果返回失败信息，则任意取一个该零件上的标注点作为定义点，如果没有标注点可取，则取第一条实线的中点作为最终确定的定义点。

取得定义点后，要根据其相对于节点图中心的位置，分为左、左上、左下、下、右下、右、右上、上和中心九个位置，分别存储到相应的定义点链表中。定义点链表包括代表左上、左下、右上和右下四个标注区的链表，其分配方式为：在左上和上位置的定义点存储到左上标注区链表；在右上和右位置的定义点存储到右上标注区链表；在右下和下位置的定义点存储到右下标注区链表；在左下、左和中心位置的定义点存储到左下标注区链表。所有的定义点分配完后，再针对各个定义点链表进行操作。

3. 定义点排序

在不同的标注区，排序方式是不同的。在左上标注区，有两种排列方式，当左上标注区内所有定义点的 x 向跨度大于 y 向跨度时，按照 x 坐标由大到小对定义点进行排列；当左上标注区内所有定义点的 x 向跨度小于 y 向跨度时，按照 y 坐标由大到小对定义点进行排列。在左下标注区，当所有定义点的 x 向跨度大于 y 向跨度时，按照 x 坐标由小到大对定义点进行排列；当所有定义点的 x 向跨度小于 y 向跨度时，按照 y 坐标由大到小对定义点进行排列。在右下标注区，当所有定义点的 x 向跨度大于 y 向跨度时，按照 x 坐标由小到大对定义点进行排列；当所有定义点的 x 向跨度小于 y 向跨度时，按照 y 坐标由小到大对定义点进行排列。在右上标注区，当所有定义点的 x 向跨度大于 y 向跨度时，按照 x 坐标由大到小对定义点进行排列；当所有定义点的 x 向跨度小于 y 向跨度时，按照 y 坐标由小到大对定义点进行排列。如图5－6。

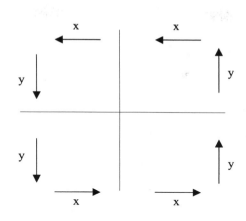

图 5－6　定义点排序方式

　　按照这种排序方式排序，使后面检查遇到干涉时便于重新确定该定义点引出线的方向，避免发生碰撞。如图 5－7 所示。

图 5－7　排序避免发生碰撞

　　图中 A，B 两点距离非常近，如果按照 x 坐标排序，则 A 点在前，标注时首先标注，然后标注 B 点所在零件时，发现 B、A两点距离过近，会引起干涉，因此要给 B 点引出线的倾角增加一个角度，而这样不但不会避免干涉，反而使引出线也发生了碰撞；而如果按照 y 坐标排序，先标注 B 点所在的零件，则可以避免发生干涉。因此，要按照上述方式对定义点进行排序。

　　定义点排序以后，要进行干涉判断。从第一个定义点开始，检查所有已处理的定义点是否和当前定义点发生干涉，衡量发生干涉的标准是当前定义点距离其他定义点引出线的垂直距离是否小于3mm。如果是，则认为发生干涉，处理干涉的方法就是给当前及其后的所有定义点引出线的角度一个增量，这个增量不能过大或过小；如果过小，就发挥不了作用；如果过大，有可能使后面的标注点引线倾斜到相邻标注区，很容易引起碰撞。经过大量的出图测试发现，增量为PI/48比较合适，其中PI近似等于3.1415926。否则，如果不发生干涉，则继续检查直到最后一个点。然后，继续进行一个零件编号标注的生成过程。

5.1.3　一个零件编号标注的生成

首先，判断定义点属于哪一个标注区，以左上标注区为例，如果在左上标注区，则以定义点为起点，沿着由上面所计算出的角度做一条射线，然后依次检查左上标注区的所有边界线条，找到该射线与左上标注区边界的交点，如果与边界线没有交点，则查看相邻的右上标注区和左下标注区的两条相邻边界线是否有交点，如果有，则记下，否则返回出错信息。如果定义点属于其他标注区，则同样依照上述方法取得交点，得到与边界的交点后，使其沿引出线方向4mm，作为引出线的终点。为了避免相邻零件编号标注之间发生碰撞，还要适当调整该点的位置，在这里采取的方式是使相邻标注之间有个错位，即使所有序号为奇数的标注引出线终点再沿其引出线方向移动10mm，这样就可以进一步有效地避免碰撞发生。其他标注区内引出线终点取法依此类推。

　　然后，开始取得零件编号标注所需的其他数据。首先定义一个新的气泡标注接口结构对象，气泡标注接口结构定义如下：

```
typedef struct _ PdsDftLblBubble  {

    int m_ nLblPntNo;        //标注点编号

    int m_ nLblStyle;         //标注风格

    GlsPoint m_ Pnt1;       //标注第一关键点

    GlsPoint m_ Pnt2;       //标注第二关键点

    GlsPoint m_ Pnt3;       //标注第三关键点

    GlsTextList m_ lstText;       //标注文本串

    int m_ nColor;                //标注颜色值

    int LblEngineeringType;       //标注工程类型

}  PdsDftLblBubble;
```

　　其中，标注点编号是指在所有的标注点中的统一编号，按照标注的先后顺序排列；

　　标注风格指零件编号标注所采取的形式，还可以允许其他类型的标注形式，比如平行式；

　　标注第一关键点指编号标注引出线的起点；

　　标注第二关键点指编号标注引出线的终点，考虑到布局和碰撞的问题，根据大量的出图所做的测试，在这里规定：引出线的终点和上面取得的引出线与标注区边界交点之间距离为4mm，而序号为偶数的引出线终点沿引出线方向再增加10mm，这样使相邻引出线互相错开，以减少相邻引出线之间碰撞的发生；

标注第三关键点指采取其他标注形式时，比如在引出线的末端引出一水平短线时水平短线的终点，此处并未用到；

标注文本串指零件标注的文本结构对象，文本结构定义如下。

```
typedef struct _ glsText {
    double dPt [3];      //起点
    CString strTxt;      //文本
    double dHeight, dAng, dRatio;      //高度、角度、高宽比
} GlsText;
```

其中，起点指字符串标注的起始位置，要保证字符串位于气泡的中心；文本指要标注的字符串，这里是指零件的编号；高度指字符的高度，这里指定为 3.5mm；高宽比为 0.7；角度指编号字符串延伸的方向，此处是水平方向，即角度为零；

标注颜色值指标注引出线、气泡及文字的颜色，这里指定为蓝色；

标注工程类型指什么类型的标注，这里是零件编号标注，区别于尺寸标注及焊缝标注等其他类型的标注。

所有这些数据都已找到，将其填充到送给工程图模块的数据结构中，这个零件编号标注就完成了。其他的所有编号标注都依此类推。

5.2 焊缝标注的生成

5.2.1 焊缝标注的流程图

进行焊缝标注时，首先获取焊缝定义点，然后判断是否有编号标注，如果有，则取出编号定义点，加到焊缝定义点数组中。

首先进行左上标注区标注，所以判断左上标注区是否有定义点，如果没有定义点，结束左上标注区标注。如果有定义点，对定义点数组进行排序。然后，定义临时循环变量 i 和 j，分别赋初值为 0。

做循环，判断 i 是否小于定义点数，如果 i 小于定义点数，则取第 i 个定义点，再做循环，判断 j 是否小于 i，如果 j 小于 i，判断定义点 i 和定义点 j 是否发生干涉，如果有干涉，进行干涉处理，然后 j 自加 1。重新判断 j 是否小于 i，如果 j 小于 i 继续做前面步骤，当 j 不小于 i 时，判断是否为编号标注，如果是编号标注，则生成一个编号标注，否则生成一个焊缝标注；然后 i 自加 1，回到循环开始，判断 i 是否小于定义点数，如果是，循环执行前面所述步骤；如果 i 不小于定义点数，进入结束左上标注区标注步骤。

然后同样方法处理另外三个标注区，最后结束标注。

图 5-8 所示为焊缝标注的总流程。

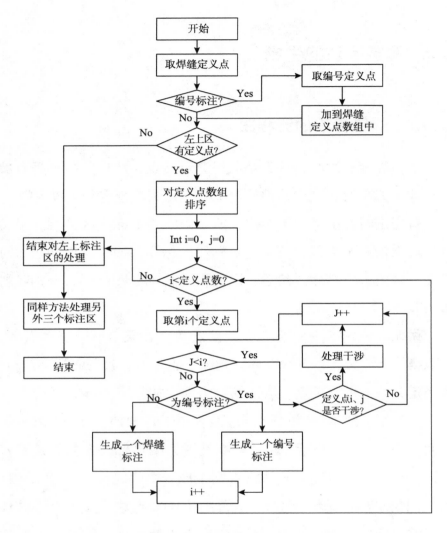

图 5-8   焊缝标注总流程

5.2.2   取得焊缝标注定义点

取定义点是针对焊缝接口结构链表操作的，焊缝接口结构定义如下：

```
typedef struct _ PdsDftWeldIntf {

    CString m_ strMdlHdl;     //零件模型句柄

    int m_ nPartNo;     //零件编号

    PdsDftLblPntPtrList m_ lstLblPnt; //焊缝标注点指针链表

    GlsReturn *     m_ ptrGlsReturn;          //焊缝图形

    int          m_ nBasicType;          //焊缝的基本类型

    int          m_ nAuxType;     //焊缝的辅助类型

    int          m_ nSuppType;          //焊缝的补充类型

DoubleArr     m_ dParaArr;          //焊缝尺寸参数数组

} PdsDftWeldIntf;
```

m_ strMdlHdl 表示零件模型句柄。在 AutoCAD 环境中，每个零件模型被认为是一个实体，而实体的名称用一个长整数来表示。实体名是"临时性的"，它们只在当前图形编辑器中有效。当用户关闭当前图形打开另一幅图形后，实体名失效。例如，在某个编辑会话期间，一个焊缝的实体名可能为"83450001"，而在另一个会话期间，则可能为"34459843"。

在对一个实体进行操作 ObjectARX 应用程序必须首先调用能返回实体名的库函数，以得到该实体的名称。

另一方面，AutoCAD 还使用"句柄"来表示实体。与实体名一样，在图形中句柄也是唯一的。与实体名不同的是，一个实体的句柄永久不变。例如一个焊缝的名称可能是"12345678"，而其句柄可能是"3a5"。不管在哪个编辑会话期间，该实体的句柄总是"3a5"。

可以利用 ObjectARX 定义的函数，如 acdbHandEnt（），根据指定的句柄来获取实体的名称，从而实现对实体的操作。

m_ nPartNo 指焊缝的编号；

m_ lstLblPnt 是焊缝标注点指针链表，将存储在自动标注模块取得的焊缝定义点；

m_ ptrGlsReturn 是焊缝图形指针，零件图形结构的一个对象；

m_ nBasicType 表示焊缝的基本类型，即焊缝截面形状；

m_ nAuxType 表示焊缝的辅助类型，焊缝表面形状特征；

m_ nSuppType 表示焊缝的补充类型，补充说明焊缝的某些特；

m_ dParaArr 表示焊缝尺寸参数数组，用来记录焊缝尺寸符号，焊缝尺寸符号如表 1 所示。

表 1　焊缝尺寸符号

符号	名　称	示　意　图	符号	名　称	示　意　图
t	焊件厚度		e	焊缝间距	
α	坡口角度		K	焊角尺寸	
b	根部间隙		d	熔核直径	
p	钝边		S	焊缝有效厚度	

续表

符号	名　称	示　意　图	符号	名　称	示　意　图
c	焊缝宽度		N	相同焊缝数量符号	
R	根部半径		H	坡口深度	
I	焊缝长度		h	余高	
n	焊缝段数		β	坡口面角度	

取标注定义点时，首先从焊缝接口结构对象中取得可见的焊缝图形，然后搜索图形上的所有点、线及圆弧结构，找到包含焊缝图形的最小矩形，取该矩形轮廓的中心作为焊缝标注定义点，并判断该点的位置，分为左、左上、左下、下、右下、右、右上、上和中心九个位置，然后存储到相应的定义点链表中。定义点链表包括代表左上、左下、右上和右下四个标注区的链表，其归类存储方式同上面零件编号定义点，即在左上和上位置的定义点存储到左上标注区链表；在右上和右位置的定义点存储到右上标注区链表；在右下和下位置的定义点存储到右下标注区链表；在左下、左和中心位置的定义点存储到左下标注区链表。

5.2.3　生成一个焊缝标注

首先判断是否还要同时进行零件编号标注，如果是，则按照上文所述，取得所有零件编号定义点，并分别加入到相应的定义点链表中，然后将零件编号定义点链表添加到相应的焊缝定义点链表中，即包含焊缝定义点的左上标注区链表表尾，添加上包含所有零件编号定义点的左上标注区链表，其他链表依次类推。然后开始生成一个焊缝标注或零件编号标注的过程。否则，直接进入这个过程。同零件编号标注生成过程类似，首先对定义点重新排序，然后判断干涉性并相应的修改引出线的倾角，接着判断是哪种类型的标注。判断方法是看标注定义点的参数 sort 值，该值是在取得定义点时赋予的。如果是零件编号标注，则按照前文所述生成零件编号标注；否则生成一个焊缝标注，其生成方法和零件编号标注类似。首先找到引出线的终点，并确定水平折线的终点，然后调用图形库，取得焊缝符号图形并存储到链表中，绘图时只是针对该数据链表，不再与图形库发生关系。

焊缝标注至此结束。

5.3 本章小结

本章主要介绍零件编号和焊缝自动标注的生成。首先介绍零件编号自动标注流程。然后介绍了定义点的拾取方法，包括定义点拾取流程，定义点拾取算法和定义点排序。接着介绍一个零件编号标注的生成方法。接着介绍焊缝标注生成方法，首先介绍焊缝标注总体流程，然后介绍如何取得焊缝标注定义点。最后介绍生成一个焊缝标注方法。

第六章　结论与展望

6.1　结　　论

本书主要工作是对基于工厂钢结构设计软件的模型、算法及其应用进行研究，主要完成了以下工作。

介绍一种钢结构设计软件模型，本模型包括以下几个功能模块结构布置、内力分析、节点设计、施工图纸绘制。

提出基于模拟退火算法（Simulated Annealing，SA）的一种新的区域划分方法"轮廓区域划分法"：一种可应用于钢结构设计软件以及其他同类软件中进行图纸自动标注时的区域划分方法。在节点详图的尺寸自动标注中，标注区及绘图区的划分是基础，接着才能实现尺寸自动标注。"曲木求曲，直木求直"，以合理的区域划分为基础，后续步骤中实现合理标注才有可能。本书提出的"轮廓区域划分方法"，以图形自身轮廓多边形作为绘图区，以这种划分方式为基础，后续工作中标注布局和干涉问题能够得到合理的解决，使尺寸自动标注能够符合工程上的需求。

在原有规则基础上提出新的标注规则：对于材料型号和编号的标注，由于标注空间的限制，在图上只标出材料编号，型号根据编号可从材料表中查到；截断杆的轴向尺寸不必标注，即不必标注截断处的轴向尺寸；各种标注依据尽量靠近被标注对象的原则；相邻编号标注或焊缝标注错开一段距离，以避免发生干涉；杆件的分尺寸标注以图形轴线为基准，一端为杆件端点，另一端在主轴线上；板如果关于轴线对称，则其分尺寸标注方法同杆件，否则以其自身的一端为基准进行分尺寸标注。

提出并实现了一种可以高效利用空间的节点详图的尺寸标注布局模型。布局是指图形及各种标注元素在空间的摆放，布局问题是自动标注的关键技术和难点之一，作为公认的NP－完全（NP－complete）难度问题已经被研究多年。本书在合理的区域划分基础上，提出了一种高效的布局模型，不仅良好地解决了碰撞问题，而且有效地利用了图纸空间，使图面布局均匀而美观，符合工程需求。

提出尺寸自动标注的分层排布算法，有效地解决了干涉问题。干涉问题也是自动标注的关键技术和难点之一，是各种图形元素之间的碰撞问题，包括标注内容与图形，标注内容之间的相互干涉，它需要巧妙的程序设计方法和很大的工作量。本书提出一种尺寸自动标注的分层排布算法，巧妙地解决了标注体的排布问题，形成了符合工程需求的标注体排布方式。

提出一种新的自动标注算法，使构件编号标注和焊缝标注既能独立又可统一。在节点详图自动标注中，由于构件编号标注和焊缝标注形式上的相似性，因此它们所属的标注区相同，而由于它们本质的不同，又需要各自独立处理。在同一标注区处理这两种不同种类的标注，如果只标注其中一种，那么标注体的排列比较容易；但是如果两者同时处理，使之交错排列，就像处理同一类标注一样，是需要一定的算法和技巧的。本书提出一种新的算法，实现了编号标注和焊缝标注的既能独立又可统一的自动标注。

6.2　展　　望

本书的工作还有一些方面值得进一步探讨和研究。

第一，由于焊缝标注和编号标注的数目比较多，所以很容易发生碰撞。本文的解决办法是调整引出线的倾斜角度以及引出线的长度，调整后碰撞发生的几率大大减少了，但仍然有可能发生碰撞。那么如何来解决这个问题？最好的办法是在取定义点时能够考虑到这个问题并避免它，也就是说，定义点之间距离合适，那么碰撞自然就避免了。但是，做起来并不容易，那样做需要很多次的比较，而且有可能陷入无限循环之中，使系统效率大大下降。怎样在不降低系统效率的同时找到定义点的合适位置，这是一个有待探讨的问题。

第二，书中提出的区域划分方法，是针对节点图特点提出的，因此是有局限性的。打破这种局限性的关键问题是要根据已知的图形信息找到图形的实际轮廓，如果能创造一个普遍的算法找到任意图形的实际轮廓，那么本书提出的区域划分方法就能够得到较普遍的应用了。

第三，书中所做的自动标注主要是针对节点图的，如何才能够实现一个一般通用的自动标注算法，使其能够完成所有工程图的自动标注，这也是一个尚待解决的课题。

参考文献

（一）中文参考文献

[1] BENTLEY 软件（北京）有限公司. 国际化的通用结构分析与设计软件 STAAD/CHINA［P/OL］. http：//wenku. baidu. com/view/692ad57ca 26925c52cc5bf 93. html.

[2] JGJ99 – 98 高层民用建筑钢结构技术规程［M］. 北京：中国建筑工业出版社，1998.

[3] PDSOFT SteelWorks 三维钢结构设计与分析计算软件［P/OL］. http：//www. pdsoft. com. cn.

[4]（美）Rouges. 计算机图形学的算法基础［M］. 北京：机械工业出版社，2002.

[5] SICV Library［P/OL］. http：//www. eatonhydraulics. Com/sicv/sicv_ body. html.

[6] STAAD/CHINA 200O 钢结构设计与绘图软件［P/OL］. http：//www. reichina. com.

[7] StruCad. 爱司卡特公司钢结构三维实体造型详图制作系统［P/OL］. www. acecad. co. uk.

[8] Xsteel. 芬兰 TeklaOy 公司 Xsteel 中文版智能钢结构详图设计系统（Ⅴ6.0）［P/OL］. http：//www. xsteel. com.

[9] 蔡长丰，尚守平，舒兴平. 高层钢结构节点施工图自动标注研究［J］. 钢结构，2000，02.

[10] 陈进兴著. Auto CAD 高级实用教程［M］. 北京：电子工业出版社，2001. 11.

[11] 陈鹰. 二通插装阀液压控制系统和控制阀块计算机智能辅助设计研究及软件开发［D］. 杭州：浙江大学，1989.

[12] 陈振明，张耀林，黄冬平. Tekla Structure 软件在 CCTV 主楼钢结构深化设计中的应用［J］. 施工技术，2008，(8).

[13] 崔洪斌. AutoCAD R14 中文版实用教程［M］. 北京：人民邮电出版社.

[14] 丁金滨. AutoCAD2012 完全学习手册［M］. 北京：清华大学出版社，2012.

[15] 董华. 液压系统智能 CAD 技术开发及软件实现方法研究［D］. 大连：大连理工大学.

[16] 杜宇敬. 钢结构设计软件的应用与实例分析［J］. 中国科技信息，2005，(12).

[17] 段国林等. 模拟退火法在钟手表机芯布局中的应用［J］. 计算机辅助设计与图形学学报，1999，11（3）：276–279.

[18] 范玉青，冯秀娟，周建华. CAD 软件设计［M］. 北京：北京航空航天大学出版社，1996.

[19] 高成慧，李燕. 关于 Auto CAD 二次开发工具的探讨［J］. 现代计算机，2002（2）：31–33.

[20] 高艳明，胡宜鸣，王丽著. 计算机绘图［M］. 大连：大连理工大学出版社，1996.

[21] 郭朝勇等，AuToCADR14（中文版）二次开发技术［M］. 北京，清华大学出版社，1999.

[22] 郭强. AutoCAD 2012 从入门到精通［M］. 北京：清华大学出版社，2012，09.

[23] 洪国俊，夏永胜. 液压集成块孔道设计专家系统 HIBD［J］. 机床与液压，1994（i）.

[24] 黄晓剑. ISO 图的自动标注及智能编辑［D］. 北京：中科院计算所，1998.

[25] 金文华. 面向工厂配管设计的平剖图纸自动处理技术的研究与实现［D］.

[26] 孔春梅. PKPM 建模及使用体会［J］. FORTUNE WORLD 2009，(2).

[27] 李从心. 液压系统原理图设计的专家系统［D］. 武汉：华中理工大学，1988.

[28] 李和华. 钢结构连接节点设计手册［M］. 北京：中国建筑工业出版社，1992.

[29] 李利，张永利，代宝江. MDT6.0 参数化造型步步高［M］. 北京：中国铁道出版社，2003.

[30] 李利. 液压集成块智能优化设计理论与方法研究 [D]. 大连：大连理工大学，2002.

[31] 李卫民，赵春霞. 应用 Object ARX 进行 CAD 二次开发的实用技术 [J]. 工程设计 CAD 与工程建筑，2000，(10).

[32] 刘岩，介玉新. 基于模拟退火算法的无网格节点生成技术 [J]. 清华大学学报（自然科学版），2008，(6).

[33] 刘灿涛，汪叔淳. 尺寸封闭性检验的新算法 [J]. 计算机辅助设计与图形学学报，1997 (5)：5－6.

[34] 刘颖斌. 钢结构节点详图自动标注的研究与实现 [D]. 中国科学院研究生院（计算技术研究所），2000.

[35] 刘颖滨. 节点图自动标注技术报告 [R]. 中科院计算机研究所，1999.

[36] 龙江华，谢步瀛. 钢结构 CAD 软件系统研究与开发 [J]，计算机辅助工程. 1999，(4).

[37] 陆国栋，吴中奇，黄长林. 基于知识表达的参数化尺寸标注机理研究与实现 [J]. 计算机学报，1996 (4)：19－20.

[38] 逯艳辉. 钢结构的设计思路及工程造价的控制阐述 [J]. 山西建筑，2011，(13).

[39] 路全胜，冯辛安，张应中. 面向尺寸标注的多面体机械零件基本结构分析 [J]. 大连理工大学学报，1995 (6)：35.

[40] 吕俊江. 多高层钢结构软件（SS2000）CAD 的图纸自动生成 [J]. 钢结构，2007，(2).

[41] 骆顺心，杜新喜，常时峰. 基于 ObjectARX 的空间钢结构 CAD 软件 [J]. 武汉大学学报（工学版），2007，(1).

[42] 麦中凡，刘书舟，严建新. C＋＋程序设计语言教程 [M]. 北京：北京航空航天大学出版社，1995.

[43] 潘爱民，王国印，译. Visual C＋＋技术内幕（第四版）[M]. 北京：清华大学出版社.

［44］潘云鹤，孙守迁，包恩伟．计算机辅助工业设计技术发展状况与趋势［J］．计算机辅助设计与图形学学报，1999，（3）．

［45］饶上荣．工程图纸自动生成技术的研究与实现［D］．北京：中国科学院，2000.

［46］上海同济创迪计算机软件有限公司，3D3S 功能特点［P/OL］．2001.

［47］上海同济大学空间钢结构软件 3D3S［P/OL］．http：//www. tj3d3s. com，2012

［48］申闫春，刘方鑫，刘厚泉，范力军．基于模式匹配的参数化尺寸标注机理研究［J］．计算机辅助设计与图形学学报，2000，（1）．

［49］施法中．计算机辅助几何设计与非均匀有理 B 样条（CAGD & NURBS）［M］．北京：北京航空航天大学出版社，1993.

［50］石壳．基于模式匹配的尺寸自动标注及在 MDT 上的实现［D］．浙江：浙江大学，2000.

［51］苏文涛．液压集成块二维工程图自动生成研究及其实现［D］．大连：大连理工大学，2005. 12.

［52］宿明彬，谭进，邱少雷，孙成疆．当前钢结构设计软件的情况及自主开发软件的发展趋势［J］．钢结构，2001，（1）．

［53］宿明彬，谭进，等．当前钢结构设计软件的情况及自主开发软件的发展趋势［J］．钢结构. 2001，（1）．

［54］孙家广，王常贵．计算机图形学［M］．北京：清华大学出版社，1995.

［55］谭建荣，董玉德．基于图形理解的尺寸环提取算法及其实现［J］．计算机研究与发展，1999，（2）．

［56］唐荣锡．CAD/CAM 技术［M］．北京航空航天大学出版社，1994.

［57］田景成．工程 CAD 中模板技术的研究与应用［D］．北京：中国科学院研究生院，2000.

［58］田景成，刘晓平，唐卫清，刘慎权．钢结构中节点图的自动标注算法［J］．计算机辅助设计与图形学学报，1999，（3）．

［59］王安鳞，钢结构详图设计实例图集［M］．北京：中国建筑工业出版社，1996.

［60］王福军，张志民，张师伟．AuToCAD2000 环境下 C/Visual C ++ 应用程序开发教

程〔M〕. 北京希望电子出版社，2002.

〔61〕王金敏，马丰宁，陈东祥，查建中. 一种基于约束的布局求解算法〔J〕. 计算机辅助设计与图形学学报，1998，（2）.

〔62〕王金敏，马丰宁，刘黎，模拟退火算法在布局求解中的应用〔J〕. 机械设计，2000，（2）.

〔63〕王珊，陈红著. 数据库系统原理教程〔M〕. 北京：清华大学出版社，2001.

〔64〕王洋，王春河，高峰，肖益然，张新访. 基于特征的装配尺寸链自动生成及分析的研究〔J〕. 计算机辅助设计与图形学学报，1998，（2）.

〔65〕熊卫兵，Stru – CAD 在钢结构详图设计中的应用〔J〕. 科技资讯 SCIENCE & TECHNOLOGY INFORMATION，2007，（30）.

〔66〕徐振刚，邓刚. 中文 Access 2003 应用学习捷径〔M〕. 北京：科学出版社，2004.

〔67〕扬子石油化工设计院. 钢结构工程需求（节点标注与计算）〔R〕. 1998.

〔68〕扬子石油化工设计院. 钢结构节点连接图集〔R〕. 1994.

〔69〕喻丽安，等. 建筑结构设计施工图集——钢结构〔M〕. 北京：中国建筑工业出版社，1995.

〔70〕袁波，黄刚. 一种尺寸布局算法〔M〕. 清华大学学报，2000（1）：40 – 41.

〔71〕张海平等. 插装阀复杂系统的 GAD〔C〕. 中国机械工程学会第三届液压 CAD 和控制系统学术讨论会论文集，1986.

〔72〕张树有. 测点法自动跟踪获取图形轮廓信息〔J〕. 浙江大学学报，1996，（3）.

〔73〕张树有，彭群生. 基于空间基坐标的尺寸可标注性判别研究〔J〕. 计算机学报，2000，（9）：23 – 25.

〔74〕张树有，谭建荣，彭群生，李月. 尺寸标注的动态编辑与自适应算法〔J〕. 软件学报，1998，9（5）：339 – 342.

〔75〕张树有，谭建荣，彭群生. 基于图形环境信息的干涉问题自动处理〔J〕. 计算机学报，1996，19（8）：625 – 630.

〔76〕浙江大学空间网格结构分析软件〔P/OL〕. MSTCAD：http：//

www. mstcenter. com.

［77］中国科学院计算技术研究所（北京中科辅龙公司）中国石化扬子石油化工设计院［R］.

（二）英文参考文献

［78］Anad, V. B, Computer Graphics and geometric modeling for engineering. John Wiley & Sons Inc. 1993.

［79］Autodesk. Mechanical Application Programming Interface（API）Developer'S Guide, AutoDesk, 1997.

［80］Christensen J, Marks J, Shieber S. An empirical study of algorithms for point－feature label placement［J］. ACM Transaction on Graphics, 1995, 14（3）: 203－232.

［81］Cooper, B. S. Application of the Euclid System in the Design and Manufacture of Hydraulic Manifolds Case Study［J］. Computer－Aided Engineering Journal, 1985, 2（2）: 50－56.

［82］DOV Dori, Amir Pnueli The grammar of dimension in machine drawings Computer vision［J］. Grapcs and image Processin, 1988: 942.

［83］Hacke. M Program Package HYKON For Planning And Design of Hydraulic Control Blocks［J］. Computer Aided Design in High Pressure HydrauliC Systems, 1983: 97－98.

［84］Hillyard R. C. , Braid I. C. , Analysi s of dimension mechanical design［J］. Computer－Aided Design, 1978, （3）.

［85］J J Kim, D C Gossard. Reasoning on the location of components for assembly packaging［J］. Journal of Mechanical Design. 1991, 113（4）: 402－407.

［86］J L Udy. Computational of interference between three－dimensional objects and the optimal packing problem［J］. Advance in Engineering Software. 1988, 10（1）: 8－14.

［87］J. A. Rinkinen. HYBLO－CAD/CAM: Inreractive Program Package for Hydraulic Cartridge Valve Blocks［M］. Tampere International Conference on Fluid Power. Finland,

1987.

[88] Kim Young Soo, Yoon Kwang Sub. Analogy layout floor planner using its parameterized module layout structure [M]. IEEE Asia Pacific Conference on Circuits and Systems Proceedings, 1996. IEEE, piscataway, NJ, USA, 397 – 400.

[89] Kirkpatrick S, Gelatt C D, Vecchi M P. Optimization by simulated annealing [J]. Science, 220: 671 – 680.

[90] MDTools 5 [P/OL]. http://www.vestusa.com/MDTools5.htm.

[91] Metropolis N. Equations of state calculations by fast computing machines [J]. Journal of Chemical Physics. 1953, 21: 1087 – 1091.

[92] N P Juster, Modelling and representation of dimension and tolerant: a survey [J]. Computer Aided Design, Vol. 24, No1. 1992.

[93] Suznki H., Ando H., Kimura F., Geomedrik consdraints and reasoning for geometrical CAD system [J]. Computer&Graphics, 1990, 14 (2).

[94] Tekla software products [P/OL]. http://www.tekla.com/international/Pages/Default.aspx.

[95] Woodwark, J, R. Solid Modelling of Fluid Power Components [J]. Computer Aided Design in High Pressure HydrauliC Systems, 1983: 99 – 101.

[96] Yuen M. F., Tan S. T., Yu K M. Scheme for automatic dimensioning of CSG defiaed parts [J]. Computer – Aided Design, 1988, 2 (5).

致　　谢

　　经过近三年的研究和努力工作，本书终于得以完成。在研究过程中，曾经得到周围的老师、同事以及亲人许多的关心和帮助。在此，谨致以最忠诚的谢意！

　　首先，感谢恩师北京航空航天大学施法中教授，他是一位令人尊敬的师长。不仅在学习上谆谆教导，指点迷津，使我不断进步，指导完成了课题研究工作；更重要的是从他那里体会到了一种严谨的治学态度和积极向上的生活态度，懂得了人要不断学习，不断进取，这将对未来生活产生重大的积极的影响。因此，非常感谢恩师，在此向他表示最真诚的谢意！

　　另外，要感谢北京中科院计算所辅龙公司的老师和同事们！感谢唐卫清研究员和黄永红研究员对本书研究工作的帮助，他们都曾提出了非常宝贵的意见和建议，使本书得以完善。同时，从他们那里学到了严肃认真的工作态度，使我在工作和生活中受益匪浅。还要感谢李士才博士和饶上荣博士，他们在本研究工作中给予了很大的帮助，从他们那里学到了很多知识，学会了如何解决问题。还要感谢其他的同事，他们给予的关心和帮助为顺利完成课题研究营造了良好的氛围和条件。

同时，还要感谢北航 703 教研室的各位老师，感谢他们对课题工作的指导和帮助，感谢他们在其他方面给予的关心和帮助。我为能够认识这样一批学识渊博、令人尊敬的老师感到无比幸运。

还要感谢所有的同事。感谢他们曾经的关心和帮助，感谢他们的友谊。

感谢家人对我的支持和帮助！

再次向所有关心帮助过我的老师、同事、朋友和亲人表示由衷的感谢！